2022年度中国林业和草原发展报告

2022 China Forestry and Grassland Development Report

国家林业和草原局

中国林业出版社

《2022年度中国林业和草原发展报告》
编辑委员会

主　任　关志鸥

副主任　谭光明　彭小国　唐芳林　闫　振　李云卿　王志高　徐济德
　　　　　程　红　高红电

委　员　（以姓氏笔画为序）
　　　　　丁晓华　马国青　王永海　王春峰　王俊中　王维胜　尹刚强
　　　　　田勇臣　刘　冰　刘克勇　孙国吉　李　冰　李拥军　李金华
　　　　　张　炜　张利明　陈嘉文　郝育军　郝雁玲　胡元辉　敖安强
　　　　　袁继明　夏　军　黄采艺　樊　华

编写组

组　长　李淑新

副组长　吴柏海　菅宁红　石　敏　巴连柱　刘　璨

成　员　唐艺中　高　璐　曹露聪　郑婼予　王佳男　苗　垠　夏郁芳
　　　　　徐梦欣　刘　珉　赵海兰　胡明形　柯水发　纪　元　张　鑫
　　　　　李　杰　郭　晔　赵东泉　孟　觉　李　磊　王冠聪　张一诺
　　　　　刘　勇　温战强　贾　恒　孙　友　宋知远　李新华　朱介石
　　　　　付　丽　林　琳　孙　赫　周天宇　李　岩　毛　锋　刘　青
　　　　　冯峻极　王　井　刘正祥　李保玉　赵庆超　张仲举　杨玉林
　　　　　汪国中　盛春玲　姚　欣　袁　梅　余　涛　管易文　文彩云
　　　　　吴　琼　赵广帅　刘　浩　陈雅如　赵金成　彭　伟　张　多
　　　　　毛炎新　谷振宾

党的十八大以来，我连续十年同大家一起参加首都义务植树，这既是想为建设美丽中国出一份力，也是要推动在全社会特别是在青少年心中播撒生态文明的种子，号召大家都做生态文明建设的实践者、推动者，持之以恒，久久为功，让我们的祖国天更蓝、山更绿、水更清、生态环境更美好。

实现中华民族永续发展，始终是我们孜孜不倦追求的目标。新中国成立以来，党团结带领全国各族人民植树造林、绿化祖国，取得了历史性成就，创造了令世人瞩目的生态奇迹。党的十八大以来，我们坚持绿水青山就是金山银山的理念，全面加强生态文明建设，推进国土绿化，改善城乡人居环境，美丽中国正在不断变为现实。同时，我们也要看到，生态系统保护和修复、生态环境根本改善不可能一蹴而就，仍然需要付出长期艰苦努力，必须锲而不舍、驰而不息。

森林是水库、钱库、粮库，现在应该再加上一个"碳库"。森林和草原对国家生态安全具有基础性、战略性作用，林草兴则生态兴。现在，我国生态文明建设进入了实现生态环境改善由量变到质变的关键时期。我们要坚定不移贯彻新发展理念，坚定不移走生态优先、绿色发展之路，统筹推进山水林田湖草沙一体化保护和系统治理，科学开展国土绿化，提升林草资源总量和质量，巩固和增强生态系统碳汇能力，为推动全球环境和气候治理、建设人与自然和谐共生的现代化作出更大贡献。

植绿护绿、关爱自然是中华民族的传统美德。要弘扬塞罕坝精神，继续推进全民义务植树工作，创新方式方法，加强宣传教育，科学、节俭、务实组织开展义务植树活动。各级领导干部要抓好国土绿化和生态文明建设各项工作，让锦绣河山造福人民。

——习近平总书记二〇二二年三月三十日在参加首都义务植树活动时的讲话

中国湿地保护取得了历史性成就，构建了保护制度体系，出台了《湿地保护法》。中国将建设人与自然和谐共生的现代化，推进湿地保护事业高质量发展。中国制定了《国家公园空间布局方案》，将陆续设立一批国家公园，把约1100万公顷湿地纳入国家公园体系，实施全国湿地保护规划和湿地保护重大工程。中国将推动国际交流合作，在深圳建立"国际红树林中心"，支持举办全球滨海论坛会议。让我们共同努力，谱写全球湿地保护新篇章。

——习近平主席在《湿地公约》第十四届缔约方大会开幕式上题为《珍爱湿地 守护未来 推进湿地保护全球行动》的致辞

中国积极推进生态文明建设和生物多样性保护，不断强化生物多样性主流化，实施生态保护红线制度，建立以国家公园为主体的自然保护地体系，实施生物多样性保护重大工程，实施最严格执法监管，一大批珍稀濒危物种得到有效保护，生态系统多样性、稳定性和可持续性不断增强，走出了一条中国特色的生物多样性保护之路。

——习近平主席在《生物多样性公约》第十五次缔约方大会第二阶段高级别会议开幕式上的致辞

目 录

摘要　1

国土绿化　9

自然保护地体系建设　15

资源保护　23

灾害防控　35

制度与改革　41

投资融资　47

产业发展　51

产品市场　59

生态公共服务　83

政策与措施　89

法治建设　101

重点流域和区域林草发展　107

支撑保障　119

开放合作　127

附录　135

专栏目录

专栏1	开展造林绿化空间适宜性评估	11
专栏2	国土绿化试点示范项目	12
专栏3	国家公园空间布局方案	17
专栏4	2022年林草生态综合监测	26
专栏5	海南省多措并举推动湿地保护高质量发展	29
专栏6	第二次全国重点保护野生植物资源调查结果	33
专栏7	松材线虫病防治情况	38
专栏8	安徽省以全国林长制改革示范区引领新一轮林长制改革	43
专栏9	福建省集体林权制度改革取得新突破	46
专栏10	持续推进林草金融创新	50
专栏11	油茶产业发展战略行动计划	57
专栏12	《全国湿地保护规划（2022—2030年）》解读	99
专栏13	《全国防沙治沙规划（2021—2030年）》解读	99
专栏14	《中华人民共和国野生动物保护法》修订情况	104
专栏15	全面推进林草领域定点帮扶工作	115

摘　要

1. 科学推动国土绿化高质量发展

2022年，超额实现了1亿亩①的国土绿化既定目标。全年共完成造林420.28万公顷、种草改良321.41万公顷。印发了《全国国土绿化规划纲要（2022—2030年）》，造林绿化任务首次实现带位置上报、带图斑下达，科学、生态、节俭地开展造林种草绿化。组织实施林草区域性系统治理项目51个，启动实施第二批国土绿化试点示范项目20个。新封山（沙）育林和退化林修复面积连续两年超过人工造林面积。村庄绿化覆盖率达到32.01%。

2. 自然保护地建设取得新成效

2022年，与财政部等部门联合印发《国家公园空间布局方案》，科学布局49个国家公园候选区。出台《关于推进国家公园建设若干财政政策的意见》，完善国家公园财政保障制度体系。出台《国家公园管理暂行办法》。各类自然保护地总体规划审查有序开展，4处省级湿地公园晋升为国家湿地公园，新增3处国家沙漠（石漠）公园。印发《风景名胜区整合优化规则》并部署开展整合优化预案编制工作。联合国教科文组织确认我国获得2025年第五届世界生物圈保护区大会承办权。

3. 资源保护成效显著

2022年，审核审批建设项目使用林地7.68万项；推动林农个人采伐人工商品林蓄积不超过15立方米告知承诺审批，全年共计审批65197件、采伐蓄积516484立方米。推动新一轮全国森林可持续经营试点，计划在全国选取310个单位开展森林可持续经营试点工作。累计完成天然林保护修复计划任务111.63万公顷。完成古树名木抢救复壮第四批3个省份试点工作，推动建立全国古树名木保护管理"一张

---

① 1亩=1／15公顷，下同。

摘 要

图"。草原保护修复制度体系不断完善，有序推进第三轮草原补助奖励政策的实施，全国审核审批征占用草原申请5872批次，审核审批草原面积6.87万公顷，征收草原植被恢复费18.60亿元。有序推进湿地保护修复制度建设、监督管理、名录发布、互花米草防治、保护宣教等工作。安排中央预算内投资约12.4亿元，实施湿地保护修复重大工程13个、重大区域发展战略（长江经济带绿色发展方向）国家湿地公园湿地保护和修复项目33个。持续开展林草生态综合监测，与国家发展和改革委员会等部门联合印发了《全国防沙治沙规划（2021—2030年）》。完成第六次荒漠化沙化调查与岩溶地区第四次石漠化调查工作，并对外发布主要监测结果。完成第二次全国重点保护野生植物资源调查和国家重点保护野生植物迁地保护情况调查，珍稀濒危野生动植物保护力度持续强化，保护成效显著。处理野生动物异常情况207起，完善野生动物疫源疫病监测防控体系。

4. 灾害防控稳步推进

2022年，全国共发生森林火灾709起，受害森林面积6853.9公顷，因灾伤亡44人，与2021年相比，森林火灾次数、受害面积、因灾伤亡人数分别上升15.1%、53.8%、57.1%；全国共发生草原火灾21起，受害面积3183.04公顷，无人员伤亡，与2021年相比，草原火灾次数减少2起，受害面积下降24.20%。我国北方地区春季共发生8次沙尘天气，与2021年相比，减少1次。全国林业有害生物发生面积1187.09万公顷，比2021年下降5.44%；全国草原有害生物严重危害面积2313.33万公顷，严重危害面积2313.33万公顷，实际"成灾率"8.64%。推进14个试点省（自治区）野猪危害防控工作的进展和成效科学评估。加强林草外来入侵物种管控工作，完成14个省（自治区）的生物安全暨外来入侵物种普查工作调研。

5. 林草重点改革持续推进

2022年，全国全面建立林长制目标如期实现。继续推动国有

摘 要

林区改革发展，重点国有林区森林蓄积持续增长，6个森工（林业）集团实现营业收入122.97亿元，在岗在册职工社会保障实现全覆盖，人均工资均有不同程度增长，基础设施建设得到进一步增强。国有林场改革进一步深化，开展国有林场绩效考核激励机制试点，完成支持塞罕坝林场"二次创业"工作，稳妥推进国有林场森林可持续经营试点，确定16家国有林场为第一批全国林草碳汇试点单位。深化集体林权制度改革，截至2022年，林业经营主体数量约30万个，林权抵押贷款余额约1200亿元。确定首批18处国有草场建设试点。

6. 林草投资持续稳定

2022年，林草部门紧紧围绕科学开展国土绿化、强化林草资源保护管理、建设以国家公园为主体的自然保护地体系、防灾减灾等重点工作，不断完善财政政策，加大资金支持力度。全国林草投资完成3661.65亿元，与2021年相比减少12.19%。全国生态保护修复、森林经营、林业草原服务保障与公共管理以及其他投资完成分别占全部投资完成额的25.21%、17.12%、6.19%和51.49%，其他投资占全部投资完成额的一半以上。

7. 林草产业产值增加且结构优化

2022年，林草产业总产值达到9.07万亿元（按现行价格计算），比2021年增长3.89%，同比增速降低2.99个百分点。林草产业结构由2021年的31∶45∶24调整为32∶45∶23。全国木材（包括原木和薪材）总产量为12193万立方米，锯材产量为5699万立方米，全国人造板总产量30100万立方米。全国林下经济经营和利用林地面积约6亿亩，林下经济产值超9730万亿元。2022年全年全国林草系统生态旅游游客量为13.24亿人次，占2021年全年生态旅游游客量（20.93亿人次）的63.25%。

8. 林草产品出口较快增长、进口微幅下降

2022年，林产品出口快速增长、进口微幅下降，重现贸易顺

摘 要

差；木材产品供求大幅下降、对外依存度回升，木材产品进出口价格水平大幅上涨。林产品出口992.42亿美元，占全国商品出口额的2.76%；进口926.32亿美元，比2021年下降0.27%，占全国商品进口额的3.41%。木材产品市场总供给（总消费）为49146.57万立方米，比2021年下降13.24%。商品材产量12210.26万立方米，木质纤维板和刨花板折合木材10754.77万立方米。进口原木及其他木质林产品折合木材26181.55万立方米，其他形式供给786.36万立方米。木材产品国内生产消费38007.23万立方米、出口11925.70万立方米，分别比2021年下降14.27%和2.45%。木材产品（不含印刷品）总体出口价格水平和进口价格水平分别上涨10.00%和9.52%。草产品出口157.26万美元、进口11.71亿美元，分别比2021年增长363.07%和26.32%。

9. 林草生态公共服务持续高水平发展

2022年，新增国家森林城市26个，全国总数达到218个。认定40个国家青少年自然教育绿色营地并发布名录。媒体宣传影响力持续扩大，召开新闻发布会10场，央媒刊播发报道9.5万多条（次）。妥善处置小象"莫莉"、大熊猫"团团"等热点敏感舆情。全年林草图书共出版653种，林草报刊推出多个专题专栏及特色栏目。展览展会论坛丰富多样，举办首届全国林草碳汇高峰论坛、第15届义乌国际森林产品博览会等多项大型展会，开展国家公园、国家植物园等多项主题活动。连续13年开展大型公益活动"绿色中国行"，充分引导促进全社会树立尊重自然、顺应自然、保护自然的生态文明理念。

10. 林草政策体系进一步完善

2022年，国家出台了国家公园建设、资源保护管理、林草产业发展、乡村振兴、财政税收等多项林草政策，印发《全国国土绿化规划纲要（2022—2030年）》《国家公园空间布局方案》《国家公园管理暂行办法》《全国防沙治沙规划（2021—2030年）》《全国湿

摘　要

地保护规划（2022—2030年)》《林长制激励措施实施办法（试行)》《关于加强生态保护红线管理的通知（试行)》《关于加强农田防护林建设管理工作的通知》《林草产业发展规划（2021—2025年)》《加快油茶产业发展三年行动方案》《"十四五"乡村绿化美化行动方案》《中央财政关于推动黄河流域生态保护和高质量发展的财税支持方案》《林业草原生态保护恢复资金管理办法》《林业草原改革发展资金管理办法》《关于将森林植被恢复费、草原植被恢复费划转税务部门征收的通知》等文件。

11. 林草法治建设全面推进

2022年，继续推进林草法治建设。制定《国家林业和草原局2022年立法工作计划》并监督实施。完成《国家公园法（草案)》起草工作。配合全国人民代表大会常务委员会完成《中华人民共和国野生动物保护法》修订工作。全年全国共发生林草行政案件9.95万起，查结9.40万起，查处率94%。废止7件部门规章。共办理行政复议案件22件，其中，不予受理5件，受理17件。共办理行政诉讼案件12起。

12. 重点流域和区域林草高质量发展各富特色

2022年，重点流域和区域林草业整体发展呈上升趋势，各项工作扎实持续推进，流域和区域林草高质量发展卓有成效。长江经济带林草产业总产值4.70万亿元，占全国的51.79%。国家林业和草原局联合自然资源部印发《黄河三角洲湿地保护修复规划》。京津冀森林防火、林业有害生物防治、野生动物疫源疫病监测等区域联防机制进一步完善。截至2022年，我国与"一带一路"沿线国家的林产品贸易总额为772.61亿美元，同比增长6.93%。

传统区划下，东部地区林草产业产值3.56万亿元，占全国的39.22%。该区的林草系统在岗职工收入水平较高，年平均工资为12.05万元，是全国林草系统在岗职工平均水平的1.47倍。中部地区

摘　要

林草产业产值 2.48 万亿元，占全国的 27.41%。中部地区国家投资完成 426.80 亿元，占该地区投资完成额的 67.19%。西部地区完成种草改良面积 305.96 万公顷，占全国的 95.19%，林草产业总产值 2.72 万亿元，占全国的 29.95%，且 2022 年林草投资完成额全国最高，达到 2019.76 亿元，占全国的 55.16%。东北地区林草系统内共有 2164 个单位，林业产业处于缓慢转型的过程之中。东北内蒙古重点国有林区 2022 年的林草产业总产值为 322.80 亿元，较 2021 年有所下降。

13. 支撑保障持续提质

2022 年，全国共生产林木种子 1089.9 万千克。良种基地 765 个，其中，国家重点良种基地 294 个。启动"草种优良品种选育""油茶采收机械研发"2 个揭榜挂帅项目。发布国家标准 32 项，发布行业标准 90 项。授予植物新品种权 651 件。完善和建设了 15 个林草知识产权基础数据库。全年共举办培训班 114 期，培训学员 22964 人次。完成 2021 年林草生态综合监测数据入库，完成林草生态网络感知系统建设方案中期评估。林业工作站指导扶持乡村林场 1.9 万个，共有 10989 个乡（镇）林业工作站加挂乡镇林长办公室牌子。

14. 林草对外合作与交流深入开展

2022 年 6 月 24 日，习近平主席主持全球发展高层对话会，会议发布了 32 项全球发展高层对话会成果清单，其中涉及林草 2 项，分别是"中国将同国际竹藤组织共同发起'以竹代塑'倡议，减少塑料污染，应对气候变化"和"建立全球森林可持续管理网络，促进生态系统保护和林业经济发展"。民间合作与交流稳步推进，与境外非政府组织新开展林草合作项目 168 个，涵盖国家公园与自然保护地体制建设、濒危野生动植物保护等多个领域。《濒危野生动植物种国际贸易公约》（CITES）、《湿地公约》（RAMSAR）、《联合国防治荒漠化公约》（UNCCD）等履约成果丰富。《湿地公约》（RAMSAR）第十四次缔约方大会、第二届世界竹藤大会顺利召开。

B
P9-14

国土绿化

- 造林绿化
- 种草绿化
- 城乡绿化
- 林业和草原应对气候变化

国土绿化

2022年,各级林草部门认真贯彻习近平生态文明思想和习近平总书记重要讲话指示批示精神,全面落实《关于科学绿化的指导意见》,坚持数量质量并重,科学、生态、节俭开展国土绿化,实现了1亿亩的国土绿化既定目标。

(一)造林绿化

全国年度造林计划首次实现带位置上报、带图斑下达,造林成果全部实现上图入库,共完成造林420.28万公顷(图1)。印发了《全国国土绿化规划纲要(2022—2030年)》。陕西、山西、湖南等3个省造林面积均超30万公顷,内蒙古、江西和甘肃等3个省(自治区)年造林面积均超25万公顷,6个省(自治区)造林面积占全国总造林面积的43.20%。

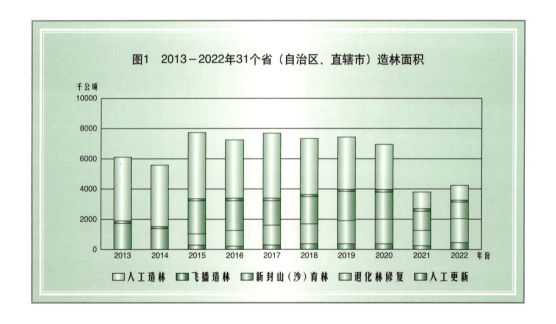

1. 造林方式

人工造林 全年完成人工造林93.09万公顷,占全国造林完成任务的22.15%。山西、甘肃、内蒙古、湖南等4个省(自治区)人工造林均超过6.67万公顷,占全国人工造林面积的52.53%,其中,山西省人工造林22.70万公顷,面积全国第一。

封山(沙)育林 全年完成封山(沙)育林105.73万公顷,占全国造林完成任务的25.16%。封山(沙)育林面积连续两年超过人工造林面积。陕西、河北、青海、新疆、湖南、四川等6个省（自治区）封山（沙）育林均超过6.67万公顷，占全国封山育林面积的52.51%。

飞播造林 河北、山西、内蒙古、河南、重庆、四川、西藏、陕西、青海等9个省（自治区、直辖市）开展了飞播造林，面积16.61万公顷，占全国造林完成任务的3.95%。西藏、陕西2个省（自治区）占全国飞播造林面积的60.92%。

退化林修复 全年完成退化林修复158.29万公顷，占全国造林完成任务的37.66%。退化林修复面积首次超过人工造林和新封山（沙）育林面积。江西、贵州、湖南、内蒙古、陕西、吉林、甘肃、云南、重庆和四川等10个省（自治区、直辖市）退化林修复均超过6.67万公顷，占全国退化林修复面积的67.76%。

人工更新 全年完成人工更新46.56万公顷，占全国造林完成任务的11.08%。广东、广西2个省（自治区）人工更新均超过6.67万公顷，占全国完成人工更新面积的38.52%。

专栏1 开展造林绿化空间适宜性评估

按照自然资源部、国家林业和草原局联合印发《关于在国土空间规划中明确造林绿化空间的通知》要求，部署各地开展造林绿化空间适宜性评估，将规划造林绿化空间明确落实到国土空间规划中，并上图入库。

国家层面将初步筛选的1600万个适宜造林绿化空间图斑下发至各省（自治区、直辖市），举办面向自然资源和林草两部门直达到县的万人线上培训。下发《关于做好规划造林绿化空间成果审核上报有关工作的通知》，建立定期调度机制，加强技术指导，分片调研督导，组织开展数据审核分析，召开进展情况调度会，有序推进造林绿化空间调查评估工作。截至2022年，除西藏外，全国30个省份和新疆生产建设兵团林草部门完成造林绿化空间调查评估。本次造林绿化空间调查评估成果将被纳入各级国土空间规划"一张图"，作为今后安排造林绿化任务的依据。

2. 工程造林

《全国重要生态系统保护和修复重大工程总体规划（2021—2035年）》实施后，我国林草修复治理正式进入山水林田湖草沙系统治理模式。2022年，通过中央预算内投资安排资金219亿元、实施工程项目72个。其中，下达任务共计217.45万公顷，涵盖人工造林47.75万公顷、封山育林55.87万公顷、飞播造林7.28万公顷、退化林修复106.55万公顷。

"三北"工程 完成"双重"项目和国土绿化试点示范项目营造林84.79万

公顷、工程固沙等1.79万公顷。其中,"双重"项目76.36万公顷(人工造林27.55万公顷,封育19.21万公顷,飞播2.33万公顷,退化林修复27.27万公顷)。

储备林建设 2022年,在广西、重庆、四川等23个省(自治区、直辖市)建设国家储备林46.19万公顷,其中,集约人工林新造11.51万公顷,现有林改培15.10万公顷,中幼林抚育19.58万公顷。截至2022年,全国储备林建设面积616.23万公顷。

专栏2 国土绿化试点示范项目

2022年,根据国土绿化现状,统筹考虑区域自然地理条件、水资源状况差异性,采取竞争性评选方式,支持全国20个地市实施了第二批国土绿化试点示范项目,安排营造林任务共计23.17万公顷。

序号	名称	序号	名称	序号	名称
1	北京市密云区	8	江西省吉安市	15	贵州省毕节市
2	山西省朔州市	9	山东省潍坊市	16	陕西省宝鸡市
3	内蒙古自治区包头市	10	湖北省咸宁市	17	甘肃省庆阳市
4	辽宁省阜新市	11	湖南省湘潭市	18	青海省黄南藏族自治州
5	吉林省白城市	12	广东省惠州市	19	宁夏回族自治区吴忠市
6	黑龙江省鸡西市	13	重庆市三峡库区	20	新疆生产建设兵团第九师
7	福建省南平市	14	四川省达州市		

3. 义务植树

习近平总书记等中央领导连续10年参加首都义务植树活动。全国人大领导、全国政协领导、中央军委首长义务植树活动及第21次共和国部长义务植树活动相继开展。

全国绿化委员会办公室联合中国绿化基金会全面推进"互联网+全民义务植树",全年发布各类尽责活动262个。中央直属机关组织干部职工完成义务植树12.6万余株。中央国家机关推进节约型绿化美化单位建设,组织干部职工栽植各类乔灌木、花卉24.9万余株。中央军委后勤保障部印发《关于深入推进2022年度军事区域造林绿化工作的通知》,动员广大官兵积极参与植树造林,支援驻地生态建设。全国共青团系统累计发动1124所高校859.16万人参与青少年"绿植领养"活动,共发放绿植1400多万份;中国石油天然气集团有限公司完成义务植树423万株,新建绿地1370公顷;中国石油化工集团有限公司完成义务植树194万株,新建绿地186.9公顷。

全国31个省（自治区、直辖市）和新疆生产建设兵团以不同方式参加义务植树。北京市优化提升五级"互联网+全民义务植树"基地建设。吉林省线上公布121个"互联网+全民义务植树"基地。上海市打造绿化认建认养捐赠平台并将其纳入市政府"一网通办"。浙江省开发推广"浙里种树"应用程序，实现义务植树网上预约、落地上图。福建省推出"霞浦古树名木认养"等捐资项目。天津、黑龙江、山东、河南、海南、四川、贵州、云南、新疆等省（自治区、直辖市）开展了形式多样的主题植树活动，营建了一批纪念林。

4. 部门绿化

各部门、系统按照全国绿化委员会工作部署要求，认真落实《2022年国土绿化工作要点》，扎实推进部门绿化工作。国家发展和改革委员会下达中央预算内投资254亿元，组织开展72个生态保护和修复工程项目建设；自然资源部组织实施"十四五"前两批19个山水林田湖草沙一体化保护和修复工程项目，"山水工程"入选联合国首批世界十大生态恢复旗舰项目；财政部下达地方林业草原转移支付资金1028亿元，下达地方重点生态保护修复治理资金170亿元，支持实施山水林田湖草沙一体化保护和修复工程、历史遗留废弃矿山生态修复示范工程；中国人民银行推广"林权抵押+林权收储+森林保险"贷款模式，全国绿色贷款余额22.03万亿元；中国邮政集团有限公司实施绿色邮政建设行动，试点推出浙江竹林碳汇金融产品；人力资源和社会保障部会同全国绿化委员会、国家林业和草原局联合表彰298个"全国绿化先进集体"、147名"全国绿化劳动模范"和146名"全国绿化先进工作者"；教育部增设湿地保护与恢复等新专业，遴选认定林学等25个国家级一流本科专业建设点；科学技术部积极支持速生林木新品种选育、林草病虫害监测预警和防控、重要生态区保护修复等技术和装备研发；中国气象局积极开展春季植树造林适宜期气象预测服务、森林草原防火防病虫害气象预报预警服务；文化和旅游部鼓励造林绿化题材作品参展参演全国舞台艺术优秀剧目展演等重大节庆、展演、展览活动；国家广播电视总局组织制作理论节目《思想耀江山·绿色篇》，推出纪录片《最美中国：四季如歌》和电视剧《春风又绿江南岸》等优秀作品；住房和城乡建设部在全国100多个城市开展了国家园林城市建设，全国各地建设3520个"口袋公园"；农业农村部开展村庄清洁行动，鼓励开展农村庭院和"四旁"绿化；交通运输部完成公路绿化里程近10万公里，全国干线公路绿化里程累计达58万公里，绿化率达86.58%；中国国家铁路集团有限公司绿化里程累计达5.59万公里，铁路线路绿化率达87.32%；水利部治理水土流失面积6.3万平方公里，打造生态清洁小流域496个。

全国冶金系统新增复垦造林面积287.5公顷，新建绿地415公顷；全国工会系统建设工会林、劳模林1300余个，面积近1.13万公顷，种植树木2300万余株；全国妇联系统动员广大妇女开展种植"母亲公益林"等绿色志愿服务活动，累计创建"美丽庭院"635万户。

（二）种草绿化

种草改良完成任务上图入库工作，任务共计321.41万公顷，主要分为人工种草、草原改良和围栏封育三类，涉及18个省（自治区）。推进免耕补播试点工作，梳理总结免耕补播试点示范项目工作进展经验。开展退化草原生态修复技术模式总结整理工作，编写出版《退化草原生态修复主要技术模式》。

人工种草 全年完成人工种草48.16万公顷，占全国种草改良面积的14.98%。

草原改良 全年完成草原改良72.23万公顷，占全国种草改良面积的22.47%。

围栏封育 全年完成围栏封育201.02万公顷，占全国种草改良面积的62.54%。

（三）城乡绿化

森林城市建设 加强国家森林城市动态管理，督导部分建设指标未达到《国家森林城市评价指标》要求的城市开展整改，巩固提升国家森林城市建设成果。印发《国家森林城市管理办法》，修订《国家森林城市评价指标》，编制《国家森林城市测评体系操作手册》，进一步完善森林城市建设制度体系。

乡村绿化美化建设 与农业农村部、自然资源部、国家乡村振兴局联合印发了《"十四五"乡村绿化美化行动方案》，以"保护、增绿、提质、增效"为主线，明确目标任务，强化部门政策协同，因地制宜推进乡村绿化美化，改善提升农村人居环境。将村庄绿化覆盖率指标纳入美丽中国建设评估指标体系，组织开展2022年村庄绿化覆盖率调查，村庄绿化覆盖率达到32.01%。

（四）林业和草原应对气候变化

林业碳汇试点建设 印发《国家林业和草原局办公室关于组织申报林业碳汇试点市（县）建设项目的通知》《国家林业和草原局办公室关于组织申报国有林场森林碳汇试点建设项目的通知》，组织试点申报和专家评审。发布2022年度林业碳汇试点市（县）和国有林场森林碳汇试点名单，共有18个市（县）和21家国有林场入选。

林草碳汇专项调研 以发挥森林碳库作用、实现"双碳"战略为目标，开展提升林草碳汇能力路径专题调研，围绕林草增汇潜力和机理、碳汇项目开发与交易等方面，实地走访4个省（自治区、直辖市）16个县（市、区），深入剖析林草碳汇项目和碳汇交易存在的难点和原因，综合提出提升林草碳汇能力的对策建议。

支撑与宣传 指导成立林草碳汇研究院，组织开展"林草碳中和愿景实现目标战略研究"，预估分析全国森林碳汇潜力。在《学习时报》《经济参考报》《中国绿色时报》等报刊发表有关森林碳汇政策解读文章。举办首届林草碳汇高峰论坛。与中国气象局共同指导开展"守护行动"碳中和科普活动。

自然保护地体系建设

- 国家公园
- 自然保护区
- 自然公园
- 其他

自然保护地体系建设

2022年，高质量推进第一批国家公园建设，有序推动新一批国家公园创建设立，持续推进自然保护地整合优化及规范管理，在多方共同努力下，自然保护地建设取得了阶段性成效。

（一）国家公园

制度建设 加快推进国家公园立法进程，组织编制的《国家公园空间布局方案》获国务院正式批复，并会同财政部、自然资源部、生态环境部于11月30日正式印发。国务院办公厅转发财政部、国家林业和草原局《关于推进国家公园建设若干财政政策的意见》，与财政部联合印发《国家公园设立指南》。出台《国家公园管理暂行办法》《国家公园总体规划编制和审批管理办法（试行）》等。

第一批国家公园 一是以"一对一"的形式，分别与5个国家公园涉及省（自治区）召开局省联席会议，协调推进各项重点建设任务。二是配合中央机构编制委员会办公室积极推进第一批国家公园管理机构设置工作，共同指导相关省（自治区）认真落实中央机构编制委员会文件精神和国务院对国家公园设立方案的批复要求，因园施策提出国家公园管理机构设置方案。三是扎实推进总体规划编制，指导第一批国家公园开展总体规划编制及勘界定标，并组织评审论证等工作；印发《关于加快推进第一批国家公园勘界工作的函》，对东北虎豹、武夷山及大熊猫国家公园勘界成果进行初审。

自然资源资产管理 与自然资源部联合印发《关于组织开展正式设立的国家公园自然资源确权登记公告登薄工作的通知》，指导第一批国家公园开展自然资源调查等基础性工作。其中，海南热带雨林国家公园已完成自然资源确权登记登簿；三江源、东北虎豹、大熊猫、武夷山4个国家公园持续推进自然资源确权登记。配合自然资源部开展全民所有自然资源资产所有权委托代理机制试点相关工作。

新一批国家公园创建设立 会同财政部联合印发《国家公园设立指南》，明确创建设立工作流程及材料编报等要求。指导新疆、山东等相关省份按照《国家公园空间布局方案》的最新要求，开展国家公园创建设立相关工作。祁连山、钱江源、南山、神农架、香格里拉5个原国家公园体制试点区持续完善设立条件；推动黄河口等12个国家公园候选区开展创建工作，并对部分候选区开展第三方创建评估等工作。

强化资金保障 国务院办公厅转发了财政部与国家林业和草原局制定的

《关于推进国家公园建设若干财政政策的意见》，明确财政支持国家公园生态系统保护修复、创建和运行管理等5个重点方向，提出了加大财政资金投入和统筹力度、建立健全生态保护补偿制度等5项政策举措。2022年中央财政安排国家公园补助资金支持国家公园建设。国家发展和改革委员会建立了国家公园建设重点项目库，加大对国家公园范围内基础设施建设的支持力度。

监测体系及感知系统建设 持续推进国家公园"天空地"一体化监测体系建设，指导三江源、大熊猫、东北虎豹国家公园开展监测试点项目。按季度开展第一批国家公园地类变化遥感监测核实工作，加强监管。进一步优化完善国家公园感知系统，加强数据对接共享。

国家公园理念传播 加强与新华社、中央广播电视总台、人民网等中央媒体开展战略合作。在新华网首页上线国家公园专栏。首张中国国家公园12.5亿像素VR全景照片——全景"云"游东北虎豹国家公园获得广泛好评。在《人民日报》推出系列宣传报道，在《旗帜》开展国家公园专题宣传。联合中国地质博物馆举办"我们的国家公园"专题展览。配合中国邮政集团有限公司，设计发行中国国家公园纪念邮票。配合中国人民银行，开展首批国家公园普通纪念币及金银纪念币设计。

专栏3 国家公园空间布局方案

2022年11月5日，习近平主席在《湿地公约》第十四届缔约方大会（COP14）开幕式上宣布中国制定了《国家公园空间布局方案》。11月8日，国务院发布了《关于国家公园空间布局方案的批复》。11月30日，《国家公园空间布局方案》由国家林业和草原局、财政部、自然资源部、生态环境部联合印发。这是我国国家公园建设的又一标志性成果，为建设世界最大的国家公园体系指明路径。

《国家公园空间布局方案》确定了国家公园建设的发展目标、空间布局、创建设立、主要任务和实施保障等主要内容。遴选出49个国家公园候选区（含正式设立的5个国家公园），包括陆域44个、陆海统筹2个、海域3个，总面积约110万平方公里，其中，陆域面积99万平方公里，占陆域国土面积的10.3%，海域面积11万平方公里。青藏高原布局13个候选区，形成青藏高原国家公园群，总面积约77万平方公里，占国家公园候选区总面积的70%；长江流域布局11个候选区，黄河流域布局9个候选区。保护了80%以上的国家重点保护野生动植物物种及其栖息地。同时，也保护了众多大尺度的生态廊道和国际候鸟迁飞、鲸豚类洄游、兽类跨境迁徙的关键区域。

> 《国家公园空间布局方案》提出，到2025年，统一规范高效的管理体制基本建立。到2035年，基本完成国家公园空间布局建设任务，基本建成全世界最大的国家公园体系。

（二）自然保护区

总体规划 10月1日，国家级自然保护区总体规划线上审批系统正式运行。全年共有江西鄱阳湖国家级自然保护区等15个国家级自然保护区总体规划获得批复，并将总体规划完成情况纳入"林长制"考核指标（表1）。

功能区调整 分别批复黑龙江饶河东北黑蜂、河南新乡黄河湿地鸟类、湖北堵河源、重庆阴条岭、湖北长江天鹅洲白鱀豚、江苏盐城湿地珍禽等6处国家级自然保护区功能区调整方案。

优化整合 江苏大丰麋鹿国家级自然保护区、山东昆嵛山国家级自然保护区等首批重点区域自然资源确权登记实现登簿。贵州省推进重点生态区位人工商品林赎买，完成国家级自然保护区赎买任务1.64万亩，兑现资金8305万元。

表1　2022年获批总体规划名单

序号	名称
1	《江西鄱阳湖国家级自然保护区总体规划（2022—2031年）》
2	《江西婺源森林鸟类国家级自然保护区总体规划（2022—2031年）》
3	《湖南鹰嘴界国家级自然保护区总体规划（2022—2031年）》
4	《重庆缙云山国家级自然保护区总体规划（2021—2030年）》
5	《云南大围山国家级自然保护区总体规划（2022—2031年）》
6	《宁夏中卫沙坡头国家级自然保护区总体规划（2021—2030年）》
7	《内蒙古罕山国家级自然保护区总体规划（2022—2031年）》
8	《黑龙江细鳞河国家级自然保护区总体规划（2021—2030年）》
9	《黑龙江北极村国家级自然保护区总体规划（2022—2031年）》
10	《黑龙江岭峰国家级自然保护区总体规划（2021—2030年）》
11	《湖南张家界大鲵国家级自然保护区总体规划（2022—2031年）》
12	《四川白河国家级自然保护区总体规划（2022—2031年）》
13	《四川小金四姑娘山国家级自然保护区总体规划（2021—2030年）》
14	《贵州茂兰国家级自然保护区总体规划（2022—2031年）》
15	《贵州宽阔水国家级自然保护区总体规划（2022—2031年）》

（三）自然公园

1. 森林公园

基本情况　全国森林公园数量3040个，面积1907.18万公顷，其中，国家级森林公园906个，面积1302万公顷。全年共调整6处国家森林公园范围。

整合优化　推动各省扎实开展森林公园整合优化工作。及时了解和研判分析国家级森林公园整合优化情况，重点就整合优化后破碎化严重、规模小、与国家级风景名胜区交叉重叠等问题进行分析，根据分析结果统筹研究相关政策。

功能区调整、规划批复　批复6个国家级森林公园范围调整事项和两批共计19个总体规划，并推进5个范围调整事项的审批工作（表2）。

表2　国家级森林公园总体规划批复名单

序号	名称
1	《内蒙古图博勒国家森林公园总体规划（2021—2030年）》
2	《内蒙古马鞍山国家森林公园总体规划（2021—2030年）》
3	《黑龙江天石国家森林公园总体规划（2021—2030年）》
4	《黑龙江呼兰国家森林公园总体规划（2022—2031年）》
5	《安徽马家溪国家森林公园总体规划（2021—2030年）》
6	《安徽老嘉山国家森林公园总体规划（2021—2030年）》
7	《湖北虎爪山国家森林公园总体规划（2021—2030年）》
8	《广东英德国家森林公园总体规划（2021—2030年）》
9	《四川凌云山国家森林公园总体规划（2021—2030年）》
10	《新疆巩乃斯国家森林公园总体规划（2022—2031年）》
11	《江苏南通狼山国家森林公园总体规划（2022—2031年）》
12	《安徽徽州国家森林公园总体规划（2022—2031年）》
13	《江西罗霄山大峡谷国家森林公园总体规划（2022—2031年）》
14	《广西狮子山国家森林公园总体规划（2022—2031年）》
15	《四川沙鲁里山国家森林公园总体规划（2022—2031年）》
16	《贵州玉舍国家森林公园总体规划（2022—2031年）》
17	《贵州毕节国家森林公园总体规划（2022—2031年）》
18	《云南博吉金国家森林公园总体规划（2022—2031年）》
19	《甘肃石佛沟国家森林公园总体规划（2022—2031年）》

监督管理　抽选10处新批建国家级森林公园开展遥感监测工作。启用推广

金林系统森林公园分系统,在安徽省进行试点工作。配合自然资源部违建别墅清查整治专项行动,先后赴山东、天津、福建等3个省(直辖市)开展调研核查工作,就内蒙古黄岗梁舆情问题进行了深入调查研究,指导内蒙古自治区林业和草原局开展整改工作。

宣传教育 录制森林公园和生态旅游网络课程在线学习课程,全年组织全国性网络专题培训班2期,参加培训人数19077人。编制完成塞罕坝国家森林公园自然教育活动策划方案和自然教育手册。

2. 草原自然公园

基本情况 草原自然公园试点共39个。

规范管理 指导25个国家草原自然公园编制规划并组织省级评审。指导内蒙古额仑草原国家草原公园群建设。推动云南香柏场、山西沁水示范牧场国家草原自然公园纳入国家2023年文化保护传承利用工程投资范围。

3. 湿地公园

基本情况 国家级湿地公园903个。全年共61处国家湿地公园通过试点验收,4处省级湿地公园晋升为国家湿地公园,15处国家湿地公园调整范围。

制度建设 根据《中华人民共和国湿地保护法》和工作实际,修订《国家湿地公园管理办法》。

宣传教育 组织开展了《中华人民共和国湿地保护法》宣传周活动,倡议全国国家湿地公园免费开放1周,活动期间,参与游客达726万人次,科普宣教受众达409.8万人次。

4. 沙漠(石漠)公园

全国沙漠(石漠)公园128个,其中,沙漠公园99个,石漠公园29个。全年新建国家沙漠公园1处,石漠公园2处。

5. 地质公园

地质公园544个,其中,国家级地质公园281个。

6. 海洋公园

海洋公园79个,其中,国家级海洋公园67个。

7. 风景名胜区

基本情况 风景名胜区1051个,其中,国家级风景名胜区244个。

整合优化 印发《风景名胜区整合优化规则》并部署开展整合优化预案编制工作。组织专家指导各地编制预案,会同自然保护地整合优化专班,对风景名胜区整合优化预案矢量数据成果开展集中联合审查,对103个国家级风景名胜区开展专家审查。10月底,基本完成全国风景名胜区整合优化预案审查工作,并一体纳入自然保护地整合优化方案。

规划管理 建设风景名胜区规划审批线上管理系统。成立风景名胜区规划审查专班,组织专家、会同有关部门对37处国家级风景名胜区总体规划和33处国家级风景名胜区详细规划开展审查，其中，12处详细规划已批复。

制度建设 研究制订《国家级风景名胜区总体规划和详细规划审查工作规程》《国家级风景名胜区总体规划和详细规划专家审查技术要求》《国家级风景名胜区规划和重大建设项目建设方案编制工作指南》等文件。

工程监管 对国家级风景名胜区内待落地的490个国家级和省级重大建设项目进行梳理，报自然资源部、国家林业和草原局专题会研究。与国家发展和改革委员会、自然资源部等部门沟通，对10个已纳入国家重点项目要素清单项目，组织专家进行专题研究，指导地方对引江济汉、铜吉铁路等8个重大项目核准落地。

（四）其他

1. 世界自然遗产、世界自然与文化双重遗产

组织申报 指导海南省开展"海南热带雨林和黎族传统聚落"申遗工作，"海南热带雨林和黎族传统聚落"已被正式列入世界遗产预备清单。

保护管理 完成"湖北神农架"世界自然遗产地相关规划审查，指导地方编制完成武陵源、中国南方喀斯特、三江并流等3处世界遗产保护状况报告，并报送联合国教科文组织。

2. 世界地质公园

组织申报 指导武功山、坎布拉国家地质公园成功入选联合国教科文组织世界地质公园候选地。确定恩施大峡谷-腾龙洞地质公园作为2023年度中国向联合国教科文组织申报世界地质公园项目。组织召开长白山申报世界地质公园工作推进会。

管理评估 组织审定2022年度中国房山、五大连池等14处世界地质公园再评估进展报告，并报送联合国教科文组织。

3. 中国世界生物圈保护区

2022年9月，联合国教科文组织确认我国获得2025年第五届世界生物圈保护区大会承办权，这将是世界生物圈保护区大会首次在我国举办，也是该大会首次在亚太地区举办。截至2022年，我国共有34处自然保护地入选世界生物圈保护区，位居全球首列。

D 资源保护

P23-34

- 森林资源保护
- 草原资源保护
- 湿地资源保护
- 荒漠化治理
- 沙化土地封禁保护
- 野生动植物资源保护

资源保护

2022年，林草生态资源保护工作坚持以习近平新时代中国特色社会主义思想为指导，认真践行习近平生态文明思想，牢固树立绿水青山就是金山银山理念，统筹推进山水林田湖草沙一体化保护和系统治理，加快推进林草工作高质量发展，森林、草原、湿地、荒漠等自然生态系统质量和稳定性逐步提升。

（一）森林资源保护

林地管理 全国审核审批建设项目使用林地7.68万项，面积27.46万公顷，收取森林植被恢复费387.79亿元。与2021年相比，项目数减少16.41%，面积增加4.61%，收取森林植被恢复费增加0.08%。其中，各省（自治区、直辖市）审核审批建设项目使用林地7.56万项，面积18.60万公顷，收取森林植被恢复费248.55亿元；国家林业和草原局（含委托）审核建设项目使用林地1197项，面积8.86万公顷，收取森林植被恢复费139.24亿元。各省（自治区、直辖市）级林业和草原主管部门办理完成涉林重大交通、能源、水利项目1146项，使用林地4.43万公顷，办结率100%；办理保供煤矿项目228项，使用林地1.01万公顷；川藏铁路四川、西藏2个省（自治区）配套工程办理使用林地手续75项，面积1011公顷。

印发《关于建设项目使用林地准予许可决定书延期有关问题的复函》，进一步明确建设项目使用林地许可逾期时效性的问题、办理延期手续的有关规定、逾期重新办理手续的有关要求及森林植被恢复费的征收标准等内容。印发《关于支持吉林人参产业高质量发展的意见》，要求科学改进人参种植模式，加强人参种质资源保护，建立高品质人参等级标准和加快推进国家级人参科研平台建设。实现林地行政许可"全委托"办理，将重点林区建设项目使用林地行政许可委托至内蒙古、吉林、黑龙江3个省（自治区）林业和草原主管部门实施。组织对2021年2月至12月委托办理使用林地行政许可工作进行评估，并对2022年164个建设项目使用林地及在国家级自然保护区建设行政许可人组织开展监督检查工作，发现问题及时督查督办，确保整改到位。

采伐管理 各地严格遵守限额采伐和凭证采伐管理制度，积极推广林木采伐"放管服"改革举措。推动林农个人采伐人工商品林蓄积不超过15立方米告知承诺审批，全年共计审批65197件、采伐蓄积516484立方米，如按平均每立方米15元测算，共为林农节省支出约775万元。以湖南省浏阳市、浙江省松阳县和福建省三明市的成效为例，梳理总结全国林木采伐"放管服"改革经验，被司法部纳入全国十大"减证便民"典型案例予以通报表扬。进一步深化简政放权，将重点林区林木采伐许可证核发事项委托至内蒙古、吉林、黑龙江3个省

（自治区）林业和草原主管部门实施。

天然林保护修复　高质量谋划新时期天然林保护修复工作，按照《天然林保护修复制度方案》要求，编制《全国天然林保护修复中长期规划（2021—2035年）》。2022年，中央财政下达天然林保护修复资金共430多亿元，全国现有管护站23239个，通过加大管护力度，落实管护责任，提升管护能力，1.72亿公顷天然林得到有效保护，累计完成天然林保护修复计划任务111.63万公顷，全面停止天然林商业性采伐成果进一步巩固，公益林建设、后备森林资源培育项目顺利实施。

退耕还林还草　全面开展第二轮退耕还林还草落地上图，建立了全国第二轮退耕还林还草矢量数据库。落实第二轮退耕还林还草中央财政转移支付资金约132亿元，进一步巩固退耕还林还草成果。

国家级公益林管理　针对全国各省（自治区、直辖市）2021年度国家级公益林对接优化成果进行审核，汇总形成成果报告和数据库。指导各省（自治区、直辖市）加强国家级公益林监督管理，组织国家级公益林管理培训。

古树名木保护　积极推进古树名木保护法治化，《古树名木保护条例》制订工作稳步推进；开展打击破坏古树名木违法犯罪活动专项整治行动，侦破典型案件135起，抓获犯罪嫌疑人369名，涉案古树名木530株。完成古树名木抢救复壮第四批3个省份试点工作。推动建立全国古树名木保护管理"一张图"。

森林经营　印发《全国森林可持续经营试点实施方案（2023—2025年）》，计划在全国选取310个单位开展森林可持续经营试点工作，以试点示范引领带动各地提高森林质量、调整林分结构、创新管理机制。制定森林可持续经营试点工作方案和落地上图技术要点，优化完善落界上图APP，开展业务培训及"一对一"专家跟踪指导，制定完成《森林可持续经营试点管理办法》《森林可持续经营落地上图技术方案》《森林可持续经营专家衔接机制》，修订完成《森林经营规划编制指南》和《森林经营方案技术规范》2个行业标准。完善森林经营资金安排决策管理机制，配合修订完善《林业草原改革发展资金管理办法》《中央财政林业草原项目储备库入库指南》。总结2021年度中央财政森林抚育补贴项目和全国森林可持续经营试点工作，形成总结成果报告。2022年，指导各地推进试点任务和结果落地上图，及时总结试点经验，2022年度试点总任务2.34万公顷，实际完成2.26万公顷，完成率96.58%；各试点单位建立森林经营模式220种和示范林1.68万公顷，并根据不同林分类型、立地条件和抚育方式等，计划设置1268块（580组）监测样地，完成1106块（541组）相关数据测定；试点任务作业地块落界上图率99.2%，作业设计完成率99.2%，抚育作业施工完成率97.8%，样地监测完成率92.4%。持续推进蒙特利尔进程履约、中芬森林可持续经营示范基地建设，通过线上参加蒙特利尔进程第31次工作组会议，将开展的试点工作等纳入中德、中芬等林业双边合作的重点领域，分享中国森林可持续经营实践经验。

森林资源监督 组织各派出机构加强森林资源监督与案件督办，15个派出机构2022年共督查督办案件2403起，办结1935起，办结率80.52%；督导各地开展破坏森林资源案件动态清零，党的十八大以来全部案件查处整改率达90%以上；向各省级人民政府提交监督通报，反映了116个突出问题，提出了121个意见建议，共有53位省级领导对监督通报作出批示，全力推动问题整改；各派出机构通过约谈，加强对森林资源管理问题突出地区督查督办，2022年共约谈地方政府29次、128人，其中，地市级18人，县处级及以下110人；认真落实贯通机制要求，依法依规向省级纪检监察部门移送问题线索2条，以党内监督优势推动森林资源保护发展。

森林督察 持续开展覆盖全国的森林督查，首次实现分两期推送卫星遥感影像疑似图斑。按照统一部署，各省（自治区、直辖市）自查疑似图斑155.78万个，覆盖3175个县级单位，国家抽查复核224个县级单位0.55万个疑似图斑。从违法侵占林地、违法采伐林木、案件查处整改到位率3个方面，对森林资源管理考核指标进行分值设定，实行量化考核。挂牌督办8个问题严重县级单位，12起毁林采石采矿、毁林造地重点案件；依法约谈有关政府及相关部门主要负责人；公开通报22起典型案例。27个省（自治区、直辖市）建立林业行刑衔接机制。完善"森林督查暨林政执法综合管理系统"，升级外业调查APP，积极融入全国生态感知平台，初步形成违法问题"大数据"，初步实现"全要素入库、全链条管理、全在线操作、全层级使用"和远程监管。

专栏4 2022年林草生态综合监测

联合印发《关于共同做好森林、草原、湿地调查监测工作的意见》《关于开展2022年全国森林、草原、湿地调查监测工作的通知》，明确国家林业和草原局负责组织实施全国森林、草原、湿地调查监测，并统筹推进林草湿调查监测与荒漠、林草碳汇、国家级公益林等监测（统称"林草生态综合监测"）工作。

印发《关于常态化开展林草生态综合监测工作的通知》，决定将按年度常态化开展林草生态综合监测。完成《2021中国林草资源及生态状况》《2021中国林草生态综合监测评价报告》，并在中央宣传部举行新时代自然资源事业的发展与成就新闻发布会上，权威发布全国森林覆盖率24.02%、森林蓄积量194.93亿立方米、草原综合植被盖度50.32%、湿地面积8.50亿亩左右、林草植被总碳储量114.43亿吨等综合监测主要结果；央视综合频道新闻联播报道并滚动播出我国首次林草生态综合监测评价成果，即"全国林草生态系统呈现健康状态向好、质量逐步提升、功能稳步增强的发展态势"。

印发《2022年全国森林、草原、湿地调查监测技术规程》《2022年全国森林、草原、湿地调查监测质量检查办法（试行）》《荒漠监测技术规定》《国家级公益林监测技术规定》，一体化推进森林、草原、湿地、荒漠和林草碳汇、国家级公益林监测。完成全国5.7万个样地的现地调查，提交完成全国3163个县级单位的图版数据，处理汇总数据达600亿组。

继续维护国家森林资源智慧管理平台，完善综合监测业务系统，丰富内外业多场景应用软件；升级林草资源图年度数据库，及时为林草生态网络感知系统提供数据并进行业务支撑。

（二）草原资源保护

资源状况 全国草地面积26428.50万公顷，其中，天然牧草地21329.65万公顷，占80.71%；人工牧草地58.72万公顷，占0.22%；其他草地5040.13万公顷，占19.07%。全国草原综合植被盖度50.3%，主要草原地区草原综合植被盖度与去年相比基本持平。

保护修复 全国安排2022年种草改良任务321.37万公顷，推动草原生态修复工程建设，启动种草改良任务上图入库工作，全国种草改良已全部完成。创新开展草原变化图斑判读和核查处置工作，印发《2022年草原变化图斑核查工作方案（暂行）》《草原变化图斑抽查核查处置技术方案（暂行）》；完成图斑核实22.33万个，排查疑似违法违规图斑1.35万个。开展草畜平衡示范区试点建设，重点研究草畜平衡示范区建设布局、主要建设内容以及管理机制等。推进免耕补播试点工作，梳理总结免耕补播试点示范项目工作进展经验。开展退化草原生态修复技术模式总结整理工作，编写出版《退化草原生态修复主要技术模式》。稳步推进草原碳汇工作，组织编制《草原碳汇展望报告（2021—2030）》，评估我国草原碳汇的潜力和发展，开展草原碳汇计量研究。

补奖政策 有序推进第三轮草原补助奖励政策的实施，调度了解各省（自治区、直辖市）第三轮草原补助奖励政策落实推进情况，指导和督促各省（自治区、直辖市）落实第三轮草原补助奖励政策，切实强化草原禁牧休牧和草畜平衡监管。

征占用管理 全国审核审批征占用草原申请5872批次，比2021年减少6197批次；审核审批草原面积6.87万公顷，比2021年减少1万公顷；征收草原植被恢复费18.60亿元，比2021年增加5.13亿元。推进草原征占用审核审批改革，推进矿业用地（林、草）审批改革，开展"净矿出让"工作试点。支持和规范光伏发电项目占用草原，开展规范光伏发电项目占用草原调研，推动制定关于支持和规范光伏发电产业用地（林、草、荒漠）的指导意见。

执法监督 加强草原执法监管和督导调研，通报16起破坏草原资源典型案件。督促指导审计反馈问题、环保督察通报案例、媒体反映涉及的破坏草原植被等典型违法案件查处和地方草原资源保护与执法监管工作。开展草原执法监管专项检查督查，重点对河北、黑龙江、云南、西藏4个省（自治区）进行督查，赴内蒙古、陕西开展草原执法监管情况督导调研。

（三）湿地资源保护

保护修复 联合自然资源部印发《全国湿地保护规划（2022—2030年）》《黄河三角洲湿地保护修复规划》。联合自然资源部等5部门印发《重要湿地修复方案编制指南》。全国安排林业改革发展湿地保护补助项目资金20亿元，实施湿地生态保护补偿、湿地保护与恢复项目。安排中央预算内投资约12.4亿元，实施湿地保护修复重大工程13个、重大区域发展战略（长江经济带绿色发展方向）国家湿地公园湿地保护和修复项目33个。组织实施《红树林保护修复专项行动计划（2020—2025年）》。组织全国湿地保护标准化技术委员会召开2022年年会，推进4项国家标准、10项行业标准的制修订工作。

调查监测 完善全国湿地矢量数据库基础信息。组织开展国际重要湿地生态状况监测，发布《2022年中国国际重要湿地生态状况》白皮书。联合自然资源部中国地质调查局部署继续开展泥炭沼泽碳库调查工作，指导开展西藏泥炭沼泽碳库调查任务，四川、甘肃等省份有序推进数据分析和内业汇总工作。

监督管理 将湿地资源保护管理纳入林长制考核范围，组织开展2022年度林长制湿地有关内容考核。组织开展2022年度全国国际重要湿地、国家重要湿地、国家湿地公园疑似问题卫片判读，督促指导地方对疑似问题进行核实，对发现的问题加强整改。对《2022年长江经济带生态环境突出问题整改方案台账》披露的江苏、浙江、江西涉湿问题，督促其整改到位。印发《19省份湿地保护空缺分析研究报告》，完成全国31个省（自治区、直辖市）湿地保护空缺分析，指导各地加强湿地保护。

名录发布 印发《国家重要湿地认定和名录发布规定》，指导各地开展新一批国家重要湿地申报工作，完成20个省（自治区、直辖市）56处申报国家重要湿地的程序性审查工作。指导各地完善省级重要湿地的管理办法或标准，新发布省级重要湿地34处，总数达1027处。

互花米草防治情况 联合自然资源部、生态环境部、水利部、农业农村部印发《互花米草防治专项行动计划（2022—2025年）》，明确防治工作总体目标和具体任务。将互花米草防治工作纳入各省（自治区、直辖市）林长制考核范围。

保护宣教　以深入学习贯彻党的二十大精神为根本遵循，以COP14大会为主线，围绕红树林、国家湿地公园、国际重要湿地、国际湿地城市等主题，积极传播推进绿色发展、人与自然和谐共生的生态文明理念，讲好中国湿地保护故事。党的二十大胜利召开后，撰写《谱写生态文明和美丽中国的湿地新篇章》，刊发于国家林业和草原局官网、官微及《中国绿色时报》。大力宣传COP14大会，相关内容的全网媒体阅读量达10亿次，微博话题阅读量超16亿次，22次登上微博热搜榜；人民日报、新华社、央视"新闻联播"等中央主流媒体聚焦湿地保护共计500余次；央视纪录片频道、国际频道推出《中国湿地》纪录片，获得海内外关注。国家林业和草原局局属媒体推出报刊杂志会刊、官网官微专题等。2022年，配合筹备国家林业和草原局湿地内容新闻发布会4次，在《中国绿色时报》开辟湿地报道专栏"珍爱湿地 人与自然和谐共生"，报道湿地领域重大事件、各地湿地保护成效和做法。全国两会期间，配合绿色中国杂志社制作推送《两会小林通——关注两会·聚焦大美湿地》。

专栏5　海南省多措并举推动湿地保护高质量发展

近年来，海南省加大湿地保护力度，推动湿地保护高质量发展。

一是超额完成年度新增红树林任务　及时下达2022年度新增红树林湿地435.33公顷任务，截至目前，新增红树林湿地任务已完成529.8公顷，超额完成年度总任务量。

二是出台全省湿地保护规划　经省政府同意，海南省自然资源和规划厅与海南省林业局联合印发《海南省湿地保护总体规划（2020—2035）》。

三是完善法律法规配套制度　根据《中华人民共和国湿地保护法》，启动了《海南省湿地保护条例》和《海南省红树林保护规定》的修订工作。

四是大力开展湿地保护宣传工作　先后配合《中国绿色时报》《海南日报》《海南新闻联播》《三沙卫视》《光明日报》以及人民网海南频道、央广海南总站等主流媒体，广泛、深入宣传《中华人民共和国湿地保护法》和海南湿地保护工作成效；组织开展中小学生走进红树林，开展生态保护宣传教育活动，成功举办2022年"世界湿地日"线上宣传活动，推出五"虎"闹新春湿地日主题宣传视频，视频在微博、微信、哔哩哔哩平台推出，收看人次超过25万。

(四)荒漠化治理

总体情况 与国家发展和改革委员会、财政部等6部门联合印发《全国防沙治沙规划(2021—2030年)》。完成沙化土地治理任务158.67万公顷,石漠化综合治理任务36.47万公顷。组织指导地方实施"双重"工程及防沙治沙综合示范区等项目。印发《全国沙产业发展指南》,组织编制完成《全国沙棘资源本底调查报告》,指导全国开展生态沙产业。组织开展京津冀风沙源治理二期工程效益评估。积极支持沙漠、戈壁、荒漠地区发展风电光伏产业。

示范区建设 印发《关于进一步加强全国防沙治沙综合示范区建设的通知》。防沙治沙综合示范区投资8000万元,用于7个省(自治区)示范区建设。

荒漠化和沙化调查 完成第六次全国荒漠化沙化调查,并对外发布主要结果:截至2019年,全国荒漠化土地面积257.37万平方公里,占国土面积的26.81%;沙化土地面积168.78万平方公里,占国土面积的17.58%;具有明显沙化趋势的土地面积27.92万平方公里,占国土面积的2.91%。与2014年相比,全国荒漠化土地净减少378.8万公顷,下降了1.45%,年均减少75.76万公顷。全国沙化土地面积净减少333.52万公顷,下降了1.94%,年均减少66.7万公顷。沙化土地平均植被盖度平均盖度20.22%,较2014年上升了1.90个百分点。

石漠化调查 完成岩溶地区第四次石漠化调查工作,并对外发布主要结果:截至2021年,我国石漠化土地面积722.3万公顷,占岩溶面积的14.9%。与2016年相比,石漠化土地面积净减少333.1万公顷,年均减少66.6万公顷,年均缩减率为7.72%。石漠化地区植被综合盖度达65.4%,较2016年提高4个百分点。调查结果显示,石漠化地区生态状况发生历史性、转折性、全局性变化。主要表现在以下5个方面:一是石漠化土地面积持续减少,程度明显减轻;二是林草植被结构得到优化;三是植被总盖度增加;四是水土流失状况明显改善;五是区域社会经济稳步发展。

宣传教育 组织举办第28个世界防治荒漠化与干旱日国家主场活动,发布我国大数据支持"非洲绿色长城"建设在线工具。推荐我国6个最佳实践案例载入《全球土地展望》,扩大荒漠化防治对外宣传。在央视、《人民日报》、《中国日报》、中国新闻社等主流媒体集中开展荒漠化、石漠化防治成效宣传,在新媒体平台推出《绿色中国云对话——2022年世界防治荒漠化与干旱日特别节目》和《携手防治荒漠化 共建命运共同体》短视频。在全国防灾减灾周开展"减轻灾害风险 守护美好家园"主题宣传活动,制作"一分钟了解沙尘暴"小视频等。

（五）沙化土地封禁保护

封禁保护 截至2022年，累计安排财政资金24.3亿元，建设封禁保护区113个，封禁保护面积达180.51万公顷。

建设管理 安排年度沙化土地封禁保护补助补偿2亿元，新建、续建6个封禁保护区，实施封禁保护补偿面积148.32万公顷。组织研发了国家沙化土地封禁保护区建设管理系统，在做好落地上图的基础上，进一步规范封禁保护区申报、项目建设、日常巡护、建设活动监管、效益监测等，初步实现了中央、地方信息共享和实时监管。

监督管理 审核办理完成新疆、甘肃、陕西、青海等省（自治区）6个建设项目占用（穿越）封禁保护区，占用封禁保护区面积153.49公顷。

（六）野生动植物资源保护

保护恢复 完成第二次全国重点保护野生植物资源调查和国家重点保护野生植物迁地保护情况调查。编制《陆生野生动物监测技术指南（试行）》，开展野生动物监测试点和鹤类、鹳类等越冬水鸟同步调查监测。组织编制《鸟类环志技术规程》等技术标准，制定印发全国鸟类环志和样品采集年度工作计划，指导各地开展鸟类环志工作。修订印发《国家林业和草原局关于规范国家重点保护野生植物采集管理的通知》，下达2022年甘草和麻黄草采集计划，督促指导地方加强采集管理。印发《国家濒危物种进出口管理办公室关于加强濒危野生植物进出口管理的通知》《国家林业和草原局关于请做好甘草和麻黄草采集管理工作总结和采集计划申报工作的通知》，指导各办事处规范开展濒危野生植物允许进出口行政许可。成立野生植物标准化技术委员会和野生植物保护领域专家咨询委员会，编制完成《野生植物保护领域标准体系》。组织开展东北虎近亲繁殖、有关蚯蚓物种纳入保护名录研究，调研推进人工繁育东北虎的妥善处置，推动加强中华鲟等长江水生物种保护。指导黑龙江、内蒙古、海南、云南、宁夏、青海等地做好东北虎、海南长臂猿、亚洲象、雪豹等监测预警、救护工作。

珍稀濒危野生动植物 为加强物种保护科技支撑，提高物种保护能力，成立亚洲象、海南长臂猿专家委员会。指导各地加快推进珍稀濒危野生动物及其栖息地抢救性保护，提出野生动物重要栖息地边界范围建议。印发《濒危野生植物扩繁和迁地保护研究中心建设实施方案》，构建野生植物迁地保护体系。编制印发《"十四五"全国极小种群野生植物拯救保护建设方案》，指导各地有序推进极小种群野生植物拯救保护工作。

国家植物园建设 2022年4月18日，国家植物园正式揭牌运行。编制完成《国家植物园体系规划（2022—2035年）》。国家林业和草原局组织编制了

《国家植物园建设方案编写提纲（试行）》，指导编制国家植物园建设方案，对标世界一流植物园，分阶段组织实施。指导支持国家植物园开展国家植物种质资源库、国家林业和草原局重点实验室等项目建设，协调国家发展和改革委员会安排中央预算内投资5000万元支持珍稀植物迁地保护基础设施建设项目，并积极对接科学技术部，为国家植物园争取国家重点研发计划项目。中国科学院指导植物研究所牵头重新组建"植物多样性与特色经济作物"全国重点实验室，指导支持国家植物种质资源研究中心建设项目。北京市重点支持国家植物园科研平台建设、配套设施建设、数字化植物园建设等项目。国家植物园完成了迁地植物本底调查，新增植物2000多种，正式发布了2022版《中国植物物种名录》，重大国际合作项目《泛喜马拉雅植物志》的编研取得重大进展。建立了野生植物大数据可视化系统、植物物种全息数据库等基础信息系统。新增近14万份植物标本，目前馆藏量已达301万份，馆藏标本数目和整体规模名列亚洲植物标本馆之首。截至目前，国家植物园共收集各类植物1.7万多种，其中，珍稀濒危植物近千种，为全国植物多样性保护做出良好示范。

大熊猫保护管理　目前，我国大熊猫野生种群从二十个世纪七八十年代的1114只增长到1864只，大熊猫自然保护区数量从15个增长到67个，受保护的大熊猫栖息地面积从139万公顷增长到258万公顷，53.8%的大熊猫栖息地和66.8%的野生大熊猫种群纳入自然保护区的有效保护中。2022年，繁育成活大熊猫幼崽37只。截至2022年，全球圈养大熊猫种群数量达到698只，我国与19个国家23个动物园开展大熊猫保护国际合作研究项目，在国外参与国际合作研究的大熊猫数量为71只。

执法监管　联合中央网络安全和信息化委员会办公室、中央政法委员会、公安部等11部门开展"2022清风行动"，联合农业农村部、中央政法委员会、中央网络安全和信息化委员会办公室等8部门开展"网盾行动"，严惩破坏野生动植物资源的违法犯罪行为。组织中央政法委员会、中共中央宣传部、中央网络安全和信息化委员会办公室、外交部等26个成员单位召开打击野生动植物非法贸易部际联席会议第四次全体大会。联合农业农村部、中央网络安全和信息化委员会办公室、公安部等7部门印发《关于加强野生动植物网络市场管理工作的通知》。继续发挥野生动植物义务监督员作用，督导地方办理数百起非法交易案件。发挥防范和打击网络非法野生动植物交易工作组作用，关停涉"下山兰"等关键词商家60家，下架涉"下山兰"商品1365个，公安机关累计抓捕犯罪嫌疑人23名，收缴野生兰花近千株。

野生动物疫情处置　全国各级野生动物疫源疫病监测站累计上报监测报告18万余份，处理野生动物异常情况207起，涉及湖北、青海、宁夏等20个省（自治区、直辖市），发现死亡野生动物67种949只（头），其中，鸟类44种792只、哺乳类23种157头，及时消除生物安全隐患，有效阻断了疫病扩散传播。

野生动物疫源疫病防控举措　完善野生动物疫源疫病监测防控体系，印发《国家林业和草原局关于公布国家级陆生野生动物疫源疫病监测站名单的通知》，配合农业农村部制定《野生动物检疫办法（草案）》，牵头起草《病死陆生野生动物无害化处理管理办法》。印发《2022年重点野生动物疫病主动监测预警实施方案》，在全国野生动物集中分布区等高风险区域组织开展禽流感、非洲猪瘟等重点野生动物疫病主动监测预警，在河北、内蒙古等18个省（自治区、直辖市）共计采集野鸟、野猪等野生动物样品34456份，分离到H5N1、H9N2等亚型禽流感病毒40余株，为科学开展野生动物疫病防控工作奠定了基础。

宣传教育　对大兴安岭发现野生东北虎等事件开展正面宣传。配合新华社、《人民日报》、《环球时报》等主流媒体做好野生动物保护、迎接党的二十大等主题宣传。结合野生动物保护宣传月、老虎日、大象日等时间节点，开展野生动物保护主题宣传。

专栏6　第二次全国重点保护野生植物资源调查结果

2022年2月10日，国家林业和草原局公布了第二次全国重点保护野生植物资源调查的主要成果。本次调查在除港、澳、台之外的31个省（自治区、直辖市）全面开展，采取实测法或典型抽样法和系统抽样法对我国最受关注的283种野生植物的种群数量、分布、就地保护、受威胁状况进行了全面调查。主要调查结果如下。

（一）种群数量

根据现存野外植株数量，可将283个调查物种划分为3个等级，一是野外未发现的物种，有3种，包括屏边三七、小花金花茶和拟豆蔻。二是野外仅存1~5000株的物种，共98种，如普陀鹅耳枥仅存1株、云南蓝果树11株、光叶蕨103株等。三是5000株以上的物种，共182种。

（二）群落面积

各调查物种所处群落面积相差悬殊。面积在100公顷以下的物种共有115种，占调查物种数的40.6%。所处群落面积101公顷到1000公顷的物种共54种，主要包括长序榆、柄翅果等散生且极少成片的物种。所处群落面积在1001公顷至10000公顷的物种共48种，所处群落面积在10001公顷以上的物种共63种。

（三）就地保护状况

以国家级和省级自然保护区作为独立的调查单元，对野生植物的就地保护状况调查表明，30种野外种群完全被纳入就地保护，61种野外种群的80%以上被纳入就地保护，上述就地保护状况较好的调查物种共91种，占野外有分布调查物种的32.5%。有140种野外种群就地保护率在50%以下，占野外有分布的调查物种总数的50%，其中，27种野外种群完全未被纳入就地保护，42种被纳入就地保护的野外种群不足10%。

（四）天然更新状况

调查表明，116个调查物种野外无幼树、136个调查物种野外没有幼苗。104个调查物种幼树、幼苗均无，占野外有分布的调查物种总数的37.1%。

（五）生境人为干扰状况

对调查物种及其生境的人为干扰状况调查表明，78.96%的野生植物种群及其生境面临不同程度的人为干扰，干扰方式主要包括采集、放牧、开荒、工矿开发、工程建设等，其中，17.28%的野生植物种群及生境受干扰程度强，28.84%受干扰程度中等、53.88%受干扰程度较低。

E P35-40

灾害防控

- 火灾防控
- 有害生物防治
- 沙尘暴灾害防控
- 野生动物致害防控
- 外来入侵物种管控
- 安全生产

灾害防控

2022年，各级林业和草原主管部门大力加强安全生产及防灾减灾工作，提高火灾综合防控能力，提升沙尘灾害应急处置能力，加大林业和草原有害生物防治力度，妥善处置陆生野生动物疫情、致害情况，强化外来入侵物种管控工作，确保我国自然生态系统安全、稳定。

（一）火灾防控

基本情况 全国共发生森林火灾709起（其中，重大火灾4起），受害森林面积6853.9公顷，因灾伤亡44人（其中，死亡17人）；与2021年相比，森林火灾次数、受害面积、因灾伤亡人数分别上升15.1%、53.80%、57.1%。全国共发生草原火灾21起，受害面积3183.04公顷，无人员伤亡；与2021年相比，草原火灾次数减少2起，受害面积下降24.20%。

防控举措 联合应急管理部印发《"十四五"全国草原防灭火规划》。加大工作部署力度，组织召开4次全国林草系统森林草原防火工作电视电话会议，部署森林草原防火工作；组织开展森林草原防火视频调度达20余次。强化火源管控和火灾隐患排查，配合应急管理部开展四川省森林草原防灭火专项督导整治"回头看"；联合开展森林草原火灾隐患排查整治和查处违规用火行为专项行动；在全国范围内开展森林草原火灾隐患排查整治"百日攻坚"；利用"互联网+防火督查"对13个省21个县森林草原防火工作开展线上督查；指导签署《滇黔川渝藏联防协议》，召开沪苏浙皖防火联席会议，筹备闽赣湘粤桂防火联席会议。完善制度体系建设，印发《关于全面加强新形势下森林草原防灭火工作的意见》《森林草原防火约谈暂行办法》《关于进一步加强林草系统森林草原专业消防队伍建设的意见》《全国林业和草原系统地方森林草原消防队伍训练手册》。压紧压实防火责任，将防火工作作为林长制考核重要内容，全年共向23个省（自治区、直辖市）派出43个包片蹲点工作组，累计蹲点338天，走访132个市261个县（区）545个基层单位，整改隐患281处。强化火情早期处理，严格落实全天候值班值守制度，及时调度各地火情，每周发布《森林草原火险趋势分析报告》，提示高火险地区因险设防、提前部署；充分发挥国家雷电探测网和三维全波雷电监测站的作用，科学快速处置36起雷击火，均无人员伤亡。

（二）有害生物防治

1. 林业有害生物防治

基本情况 全国林业有害生物发生面积1187.09万公顷，比2021年下降

5.44%，除森林虫害外，森林病害、森林鼠害、林业有害植物的发生面积较2021年有所减少；林业有害生物累积防治面积1746.04万公顷次，比2021年增加0.77%（表3）。

松材线虫病 疫情发生面积151.15万公顷，同比下降11.94%；病死（含枯死、濒死）松树1040.48万株，同比下降26.10%。2022年松材线虫病新增7个县级疫区，公告撤销37个县级疫区（其中，广东省揭阳市空港经济区因区划调整，撤销县级疫区），全国县级疫区总量由731个减少至701个。黄山、庐山、武夷山等重点生态区位疫情防控压力依然较大。

美国白蛾 累计发生面积67.65万公顷，同比下降7.50%，相比2017年发生高峰下降23.65万公顷，中度以下发生面积占比99.64%。疫情扩散势头减缓，整体轻度发生，但黄淮和长江中下游部分防治薄弱区点片状发生偏重。2022年美国白蛾新增3个县级疫区，公告撤销1个县级疫区，全国县级疫区总量613个。

林业鼠（兔）害 发生面积177.01万公顷，同比上升1.35%。危害整体有所加重，在东北和西北局部地区的荒漠林地和新植林地造成偏重危害。鼢鼠类整体危害有所加重，西北局部地区中幼林地和未成林地危害偏重，局地成灾。沙鼠类整体轻度发生，新疆北疆和内蒙古西部荒漠区局地偏重。䶄鼠类在东北林区整体中度以下发生，但在黑龙江和内蒙古森工局地危害偏重。

表3　2022年度林业有害生物发生防治情况

指标	林业有害生物	森林病害	森林虫害	森林鼠害	林业有害植物
发生面积（万公顷）	1187.09	262.95	729.74	177.01	17.38
发生率（%）	4.34	0.96	2.67	0.84	0.12
累积防治面积（万公顷次）	1746.04	292.99	1277.05	161.85	14.15
防治率（%）	80.87	77.99	82.77	78.08	73.01
无公害防治率（%）	94.02	90.79	94.91	95.98	82.65

防控举措 中央财政林业有害生物防治补助资金从10亿元增加到12.5亿元，重点支持松材线虫病疫情防控；中央预算内投资2亿元，提升重点地区防控能力。印发《国家林业和草原局关于加强引进林草种子、苗木检疫审批与监管工作的通知》，规范从国外（含境外）引进林草种子、苗木的检疫管理；深化"放管服"改革，将"国务院有关部门所属的在京单位从国外引进种子、苗木检疫审批"行政许可事项委托北京市园林绿化局实施。全力开展美国白蛾防控

攻坚，实现全国"控突发、防扰民"、首都"不成灾、不扰民"的目标，发生面积连续5年下降。会同住房和城乡建设部、农业农村部等8部门联合印发《关于进一步加强美国白蛾防控工作的通知》，建立部门间协调联动机制。制定《2022年度美国白蛾联防联控机制工作方案》，建立以京津冀为主体、辐射全部发生省份的工作机制。

> **专栏7 松材线虫病防治情况**
>
> 2022年，扎实推进"松材线虫病疫情防控攻坚行动（2021—2025年）"，全国首次实现县级疫区、乡镇疫点数量净下降，2022年拔除36个县级疫区、276个乡镇疫点，净减少29个、259个。连续2年实现发生面积和病死树数量"双下降"，同比下降11.9%和26.1%。泰山连续3年实现无疫情。将松材线虫病纳入林长制督查考核，向省级总林长通报防控情况，推动地方压实防控责任。各地深入推行林长制，通过签署林长令、建立"林长＋检察长""林长＋警长＋检察长"机制、开展林长巡林、下达检察建议书等形式，创新推动松材线虫病防控落地见效。落实部门分工协作机制，公安部指导全国公安机关严厉打击妨害动植物防疫、检疫犯罪活动，海关总署加强进口松木检疫管理，国家林业和草原局印发《关于加强国内进口松木流通环节检疫监管工作的通知》，严防松材线虫病传播。推进蒙辽吉黑、皖浙赣环黄山、秦巴山区联防联控机制，促进形成区域间防控合力。积极推进科技攻关"揭榜挂帅"项目，修订印发《松材线虫病防治技术方案（2022年版）》。成立14个工作组开展包片蹲点，实地调研指导141个县（区），发现问题162个、立行立改97个。及时指导辽宁开展松材线虫病疫区内雪倒木灾害处置工作，挽回林农经济损失6亿元。开发应用林草生态网络感知系统，进一步加强防控精细化、可视化、信息化管理。制作发布《防治松材线虫 守护绿水青山》宣传片，多形式、多途径开展科普宣传，营造群防群控良好氛围。

2. 草原有害生物防治

基本情况 全国草原有害生物发生面积4842.2万公顷，其中，严重危害面积2313.33万公顷，实际成灾率8.64%。全国草原有害生物防治投入资金4.37亿元，下达防治任务1026.67万公顷，实际防治面积1385万公顷，完成率134.90%，其中，实际防治面积比2021减少1.14%。

草原鼠害 草原鼠害危害面积3548.28万公顷，同比减少40.31%，占草原有害生物危害面积的73.28%，严重危害面积1792.57万公顷，同比降低5.64%。全国完成草原鼠害防治面积981.27万公顷,同比减少3.74%。其中,新增防治面积699.66万公顷,持续控制面积281.60万公顷。

草原虫害 草原虫害危害面积746.82万公顷,同比下降3.15%,占草原有害生物危害面积的15.42%,严重危害面积342.66万公顷,同比减少1.63%。全国完成草原虫害防治面积363.41万公顷,同比增加12.06%。

草原有害植物 草原有害植物危害面积522.76万公顷,同比下降24.00%,占草原有害生物危害面积的10.80%,严重危害面积177.83万公顷,同比增加28.92%。各地主要采取人工铲除、化学除治等措施,完成草原有害植物防治面积39.01万公顷,同比增加20.36%。

防控举措 印发《关于做好2022年草原有害生物防治工作的通知》,下达监测面积、"成灾率"控制指标、防治面积等防治任务。印发《关于组织开展2022年草原有害生物防治重点工作督导调研的通知》,指导各地选择一定数量重点县(区)开展核实核查工作。内蒙古、四川、新疆将草原有害生物危害区域和防治区域进行全球定位系统(GPS)定位并落地上图,确保防治工作可量化考核。以草原生态修复治理项目方式向各省(自治区、直辖市)下达中央财政转移支付资金,防治任务实行项目一体化管理,强化考核结果运用。

(三)沙尘暴灾害防控

基本情况 我国北方地区春季共发生8次沙尘天气过程。与2021年相比,春季沙尘天气减少1次。

防控举措 联合中国气象局对2022年春季沙尘天气趋势进行会商,将会商结果上报国务院。印发《国家林业和草原局关于认真做好2022年沙尘暴灾害应急处置工作的通知》,要求北方各省(自治区、直辖市)落实应急处置措施。严格落实值班制度,实时监测分析研判沙尘天气发生发展过程及其灾害情况。认真开展地面监测,2—5月,沙尘暴地面监测站报送沙尘照片和微视频1958个,接收沙尘观测报送信息938条,各级沙尘暴信息员通过短信平台发送沙尘预警及监测信息1万多条。健全会商研判机制,增加重要时间节点的专题会商,建立中短期和中长期沙尘天气预测预报工作组;与中国气象局召开2022年春季沙尘天气总结研讨会,总结分析2022年春季沙尘天气特征和成因,形成《关于2022年春季沙尘天气应急处置工作情况的报告》。继续执行沙尘暴应急工作周报、专报和急报制度。推进沙尘暴灾害应急处置管理平台正式投入应用。依托国家林业和草原局林草生态感知系统建设,优化和完善沙尘暴灾害应急处置管理平台,实现遥感影像沙尘识别、气象数据分析等基础功能并正式投入应用。

(四)野生动物致害防控

制定《防控野猪危害综合试点成效评估方案(试行)》,印发《国家林业和草原局野生动植物保护司关于组织开展防控野猪危害综合试点成效评估的通知》，推进14个试点省（自治区）猎捕调控、主动预防等野猪危害防控工作的进展和成效科学评估；会同中央农村工作领导小组办公室、中央政法委员会等18家部门，制定野猪等野生动物致害防控工作方案，按程序呈报国务院审定。

（五）外来入侵物种管控

成立"国家林业和草原局生物安全工作领导小组"，组织召开领导小组办公室第一次工作会议，研究确定2022年重点工作任务。印发《国家林业和草原局关于加强林草生物安全工作的通知》，全面安排部署外来入侵物种等林草生物安全工作。组织编制《林草外来入侵物种突发事件应急预案》，不断加强外来入侵物种防治制度建设。会同农业农村部等部委制定了《外来入侵物种管理办法》《重点管理外来入侵物种名录》，印发《加强外来物种入侵防控2022年工作要点的通知》。完善林草系统监测预警体系，在入侵高风险区域布设100个外来入侵物种国家级监测站点。编制《重点外来入侵物种参考图册》《监测调查工作历》等指导性材料，举办全国外来入侵物种普查培训班；研发外来入侵物种普查APP；建立外来入侵物种普查月报告制度。印发《关于开展全国林草生物安全暨外来入侵物种普查工作调研的函》，完成山西、内蒙古等14个省（自治区）的生物安全暨外来入侵物种普查工作调研，发现外来入侵物种784种，包括国家级重点外来入侵物种63种。其中，入侵昆虫144种、入侵植物571种、入侵脊椎动物33种、入侵无脊椎动物4种、入侵植物病原微生物32种。

（六）安全生产

组织召开安全生产和森林草原防火电视电话会议，印发《国家林业和草原局2022年安全生产工作要点》《关于切实加强"五一"期间和汛期林草系统安全生产工作的通知》《关于开展大兴安岭林业集团自建房专项整治的通知》。及时组织四川林草系统和熊猫中心应对四川芦山6.1级地震。在第十四个全国防灾减灾日，与中国航天科技集团有限公司正式建立战略合作关系。全力迎接国务院安全生产考核第四组对国家林业和草原局2021年度安全生产工作考核，并取得"良好"的考核成绩。

F

P41-46

制度与改革

- 林长制
- 改革

制度与改革

2022年,全国全面建立林长制,国有林区、国有林场、集体林权制度、草原改革持续深化。

(一) 林长制

2022年6月,全国全面建立林长制目标如期实现。各省(自治区、直辖市)均由党委、政府主要负责同志担任总林长,设立副总林长,除直辖市和新疆生产建设兵团外,均建立省、市、县、乡、村五级林长组织体系,各级林长近120万名,出台实施方案、考核办法、地方条例和履职规范等,构建以党政主要领导负责制为核心的责任体系,形成一级抓一级、层层抓落实的工作格局。各省聚焦中共中央办公厅、国务院办公厅印发的《关于全面推行林长制的意见》要求,制定林长会议、部门协作、信息公开、工作督查4项基本制度,创新总林长令、"林长+"等配套制度,建立"1+4+N"制度体系,持续在创新制度供给、促进制度集成、发挥制度效能上下功夫。

全国25个省召开总林长会议,26个省签发总林长令,重点部署国土绿化、资源保护、国家公园建设等重点工作,形成系统化、制度化的党政领导保护发展林草资源责任体系。23个省建立"林长+检察长"协作机制,10个省全面推行林区警长制,公检法合力破解执法难题。上海、江苏、浙江、安徽共同建设长三角一体化林长制改革示范区,促进区域协同。安徽出台《关于推深做实林长制改革优化林业发展环境的意见》,江西首创"一长两员"管理体系,各地创新"一长多员"。各地通过设立林长公示牌、开展第三方评估、制定社会监督办法等措施,实现社会监督制度化、常态化。

出台《林长制督查考核办法(试行)》《林长制激励措施实施办法(试行)》,组织开展2021年度激励评选和2022年督查考核。各省制定督查考核办法,严格开展督查考核工作,建立省级激励机制,督查考核激励长效机制初步形成。江西率先对设区市林长开展考核,并在省级总林长会上通报考核结果。新疆、云南、贵州等省将考核结果纳入省综合绩效考核范畴。辽宁、安徽、湖南等省开展省级督查激励考评,对工作成效明显地区予以资金奖励、政策支持。

> **专栏8　安徽省以全国林长制改革示范区引领新一轮林长制改革**
>
> 自创建全国林长制改革示范区以来，安徽省聚焦"绿水青山就是金山银山实践创新区、统筹山水林田湖草系统治理试验区、长江三角洲区域生态屏障建设先导区"三大战略定位，高标准高质量推进示范区建设，探索了一批可复制可推广的经验做法，影响力和带动力不断增强。
>
> **"三个先行" 打牢基础**　一是规划先行。制定省级创建示范区实施方案，明确5大重点任务17项具体举措。各地认真编制并实施本级创建规划。二是示范先行。在全省分片区设立30个林长制改革示范区先行区，重点探索90项体制机制创新点，建立动态调整机制。三是服务先行。建立省级林长会议成员单位定点联系示范先行区制度。
>
> **"四个支撑" 强化保障**　一是理论支撑。在省委党校（安徽行政学院）挂牌成立安徽省林长制改革理论研究中心，举办林长制改革座谈会和高端论坛。二是项目支撑。各市立足自身特点和实际需要，谋划实施示范区建设项目996个，以好项目推动改革向纵深推进。三是政策支撑。省林业、财政、地方金融监管等部门会同银行保险监督管理委员会、人民银行合肥支行等出台系列政策，加快推进公益林补偿收益权质押贷款，全面实施"五绿兴林·劝耕贷"。四是科技支撑。出台深化林业科技创新实施意见，持续开展森林资源监测、疫情监测防控等攻关研究。
>
> **改革创新成果丰硕**　出台全国首个省级林长制地方性法规《安徽省林长制条例》。建立重点生态功能区域省级林长分工负责制。出台《关于提升林长履职效能的若干举措》，落实市县林长6项工作法。探索以租代补、租补并举的森林生态效益补偿机制。省财政以奖代补，并建立公益林补偿标准动态增长机制。建立"县大队、乡中队、村小队"基层护林体系，与森林公安相衔接，实现巡护全覆盖。建立全国首个"林长+检察长"省级层面工作机制，联合安徽省检察院、安徽省公安厅共同开展打击破坏森林资源违法犯罪专项行动。2022年在合肥举办长三角一体化林长制改革示范区建设高端论坛暨第一次联席会议，共同发布长三角地区林长制改革十大案例。

（二）改革

1. 国有林区改革

各森工（林业）集团聚焦森林资源保护发展主责主业，坚守森林资源底线，严守生态保护红线，全面履行好森林资源经营保护职责。加强管护队伍建设，强化源头保护，实行网格化管理，提升管护质量，通过建立企业林长制度，进一步压实各方责任。2022年共完成森林抚育67.27万公顷，营造林19.27万公顷，有害生物防治61.27万公顷。持续开展森林督查，严厉打击破坏森林资源违法行为，重点国有林区违法案件数量不断下降，违法占用林地面积、违法采伐蓄积分别较2020年下降15%和88%。监测数据显示，重点国有林区森林蓄积由2020年的31.7亿立方米，增长到2022年的32.35亿立方米，增长6500万立方米。

重点国有林区6个森工（林业）集团2022年共实现营业收入122.97亿元，为推动林区绿色转型、带动职工就业增收奠定了坚实基础。大兴安岭林区"两地两带四园"生态产业发展布局初具规模，创建一批国家级有机食品示范基地；内蒙古森工集团全力打造秘境大兴安岭系列产品，与中粮海优（北京）有限公司签订了产地直送合作协议；吉林森工集团按照标准化、规模化、品牌化、市场化和产业化发展方向，推进产学研协同创新，2022年森林食药总产值17.4亿元；长白山森工集团精心打造生态旅游项目，大石头亚光湖等被评为省级森林康养基地，2022年接待游客50万人次。

2022年，重点国有林区累计投入资金7.4亿元，用于林区民生保障性基础设施建设；6个森工（林业）集团在册职工人数（2020年统计的）37.62万人，在岗在册职工医疗、养老等社会保障实现全覆盖，离退休职工基本全部实现社会化管理；大兴安岭、内蒙古、吉林、长白山、龙江、伊春森工（林业）集团在岗在册职工人均工资分别增长到2022年的6.14万元、6.82万元、6.56万元、7.19万元、5.68万元、5.22万元。长白山森工集团2021年、2022年共投入资金1.27亿元，用于林区道路、局址给排水和中心林场供水建设；内蒙古森工林区1715公里林场场部对外连接道路全部修建完毕。

2. 国有林场改革

绩效考核激励机制试点　一是进一步深化国有林场绩效考核激励机制试点工作。在浙江东方红林场、山东原山林场、福建三明市的省属国有林场，贵州、广西的部分国有林场开展国有林场绩效考核激励机制试点。二是加强对浙江、山东、福建、广西、贵州5个省（自治区）试点的指导和监督。国家林业和草原局印发《关于支持贵州林业事业高质量发展的若干措施》，明确将贵州作为深化国有林场改革试点省份。指导贵州省制定了《贵州省探索国有林场经营性收入分配激励机制试点总体方案》。指导广西印发了《广西现代林业产业示范实施方案》，支持广西探索开展国有林场"一场两制"改革试点。广西印发《关于深化国有林场经营管理机制改革试点实施总体方案》。三是将"支持分区分类探索国有林场经营性收入分配激励机制，引导国有林场与村集体经济组织和农民联合经营"写入深化集体林权制度改革文件。

支持塞罕坝林场"二次创业"　完成了2022年度支持塞罕坝林场"二次创业"6项内容15个措施的相关工作，形成了阶段性报告。结合弘扬塞罕坝精神座谈会上的领导讲话精神和《关于支持塞罕坝机械林场二次创业的若干措施》要求，形成新的工作台账，同步推进，同步落实。

森林经营和碳汇试点　一是印发《2022年度全国森林经营重点试点单位任务》，指导督促22个省38个国有林场森林经营重点试点单位制定具体措施，稳妥推进试点工作。二是做好碳汇试点相关工作。编制《国有林场森林碳汇试点建设项目实施方案编制提纲》，确定16家国有林场为第一批全国林草碳汇试点单位。

夯实国有林场基础　印发2022年度内蒙古、江西、广西、重庆、云南5个省（自治区、直辖市）管护用房建设任务，安排管护用房试点任务414处，中央投资9005万元。编制《国有林场（林区）管护用房建设方案（2023—2025年）》，以国有林场为主在全国全面推开。督促各地推进高校毕业生"三支一扶"工作的落实，据不完全统计，2022年，全国共有141人分配到国有林场任场长助理等工作，涉及13个省（自治区、直辖市）。

3. 集体林权制度改革

截至2022年，新型林业规模经营主体约30万个，林权抵押贷款余额约1200亿元，集体林业带动当地农民就业人数约30万人。

改革进展　根据中央政法委员会2021年平安建设（综治工作）考核评价实施细则要求，完成了2021年集体林地承包经营纠纷调处考评工作。开展第三批林业改革发展典型案例征集工作，筛选出"江西省创新林业投融资机制""福建省武平县搭建林业金融区块链融资服务平台""宁夏回族自治区灵武市探索建立山林资源政府回购机制"等一批典型案例。配合自然资源部开展清理规范林权确权登记历史遗留问题试点总结工作，与自然资源部办公厅联合印发了《清理规范林权确权登记历史遗留问题案例》。全面启用全国林权综合监管系统，推动林权综合监管系统与不动产登记系统信息共享。

林业改革发展综合试点　召开全国林业改革发展综合试点工作组座谈会与调度会，总结阶段性成效，交流经验做法，部署下一阶段重点工作。山西省晋城市、吉林省通化市、安徽省宣城市、福建省三明市、江西省抚州市、四川省成都市等6个试点市建立市委市政府牵头抓总、各有关部门协调配合、社会智库支撑的工作机制，合力推进综合试点工作。

4. 草原改革

草原确权登记和承包管理　与自然资源部联合开展草原承包管理和确权登记有关情况书面调研，指导地方因地制宜、分类推进草原承包管理和确权登记工作。

国有草场试点　确定首批18处国有草场建设试点，探索草原生态保护修复与草业协同发展新模式。

专栏9　福建省集体林权制度改革取得新突破

福建省持续深化集体林权制度改革，在推进集体林地三权分置、开展综合试点、推动"两山"转化、引导金融资本进山入林等方面取得突破。一是着力放活经营权。重组成立福建沙县农村产权交易中心有限公司，搭建覆盖全省的林权交易平台。推进林业新型经营主体标准化建设，培育林业新型经营主体329家，累计11190家。推动三明、漳州等地开展林票、碳票和地票等资本化、证券化改革，三明市累计制发林票3.84亿元，惠及农民1.72万户。在顺昌县、沙县区、漳平市开展林木采伐改革试点，林农个人申请30立方米以下的人工商品林采伐，取消伐前查验等程序，实行告知承诺制审批。在漳平市、邵武市开展林下经济经营权证发放试点工作。二是大力支持先行先试。出台《关于支持三明全国林业改革发展综合试点市建设的若干措施》。加快推广"森林生态银行·四个一"林业股份合作经营模式，合作经营面积从0.26万公顷增加到0.62万公顷。稳步推进林业金融区块链服务平台建设，从武平县扩展到上杭县、长汀县。选定沙县区等15个县（市、区），围绕抓流转、增收益，抓经营、促效益，抓服务、保利益，全面开展省级试点工作。三是探索完善生态产品价值实现机制。继续推进重点生态区位商品林赎买等改革，全省完成赎买等改革面积0.35万公顷，累计完成3.26万公顷。首创林业碳汇补偿机制，组织编制司法林业碳汇损失量计量方法，会同省法院、省检察院出台林业碳汇赔偿机制的工作指引。开展林业碳中和试点，总结推广高固碳的营造林模式。2022年全省完成林业碳汇交易39.8万吨、708.48万元。扶持发展绿色富民产业，全省林业产业总产值达7400亿元。四是积极创新林业投融资机制。推广"闽林通"系列普惠林业贷款，2022年全省发放"闽林通"系列普惠林业贷款18.95亿元，受益农户4.35万户。联合金融部门出台《关于持续优化林业金融服务的指导意见》，召开福建金融支持林业改革与发展推进会，促成融资对接项目665个、意向投资金额超340亿元。协调财政部门，将林产加工、林下经济等贷款纳入省级财政贴息范围，贴息规模1625万元。进一步完善资产评估、森林保险、林权监管、快速处置、收储兜底"五位一体"的林业金融风险防控体系。

G P47-50

投资融资

- 林草投资
- 资金管理

投资融资

2022年，认真贯彻落实党中央、国务院决策部署，科学开展国土绿化，推进以国家公园为主体的自然保护地体系建设，加强野生动植物保护，强化林草资源保护管理，深化集体林权制度等重点改革，全力抓好湿地保护修复、防灾减灾等林草重点工作，不断完善财政政策，加大资金支持力度。

（一）林草投资

资金来源 我国林草资金来源包括中央资金、地方资金、国内贷款、利用外资、自筹资金及其他社会资金。

投资完成 全国林草投资完成3661.65亿元，与2021年相比减少12.19%。其中，国家资金（中央资金和地方资金）2317.10亿元，占林草投资完成额的63.28%；国内贷款等社会资金1344.55亿元，占林草投资完成额的36.72%（表4）。中央资金中，中央预算内投资264.34亿元，占全部中央资金的22.45%；中央财政资金913.29亿元，占77.55%。

表4　2022年林草生态建设投资（按来源分）

林草投资完成额	金额（亿元）	占比（%）
合计	3661.65	100
中央资金	1177.63	32.16
地方资金	1139.47	31.12
国内贷款	303.83	8.30
利用外资	5.92	0.16
自筹资金	604.33	16.50
其他社会资金	430.47	11.76

资金使用 我国林草资金主要用于生态保护修复、森林经营、林业草原服务保障与公共管理以及其他等。2022年，全国生态修复治理投资完成923.03亿元，主要包括造林、草原保护修复、湿地保护修复和荒漠化治理，占全部投资完成额的25.21%，主要来自中央资金和地方资金，两者合计占生态修复治理投资完成额的69.87%（图2）。森林经营投资完成626.79亿元，占全部投资完成额的17.12%，主要来自中央资金、地方资金和国内贷款，三者合计占森林经营投资完成额的70.54%。林业草原服务保障和公共管理投资完成226.52亿元，主

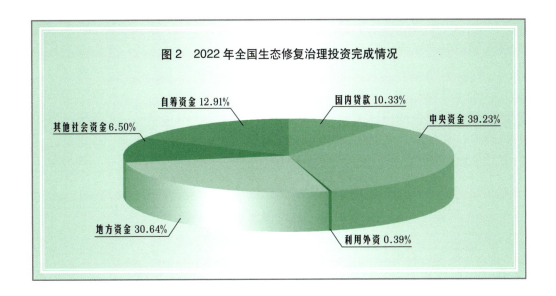

图2 2022年全国生态修复治理投资完成情况

要包括林草有害生物防治、林草防火、自然保护地管理和监测、生物多样性保护，占全部投资完成额的6.19%，主要来自中央资金和地方资金。其他投资完成1885.30亿元，占全部投资完成额的51.49%，主要来自中央资金和地方资金。

（二）资金管理

制度建设 会同财政部修订印发《林业草原生态保护恢复资金管理办法》《林业草原改革发展资金管理办法》；同时，联合财政部印发《关于印发中央财政国家公园和林业草原项目入库指南的通知》。国务院办公厅转发财政部、国家林业和草原局《关于推进国家公园建设若干财政政策意见的通知》，明确了包括生态系统保护修复、国家公园创建和运行管理、国家公园协调发展、保护科研和科普宣教以及国际合作和社会参与等5个方面财政支持重点方向。会同财政部、农业农村部等部门印发《关于加强中央财政衔接推进乡村振兴补助资金使用管理的指导意见》。配合财政部完成国家林业和草原局2022年财政重点绩效评价工作。组织对2021年确定的林草生态综合监测、国家公园监测管理与能力提升、林草生态网络感知系统、自然保护地监测与管理等4个重点项目开展绩效评价工作。对国家林业和草原局2022年部门预算的全部项目支出开展绩效运行监控工作。对国家林业和草原局西北华北东北防护林建设局、生物灾害防控中心、西南调查规划院3个直属单位开展整体支出绩效评价工作。

审计督查 一是配合审计署完成国家林业和草原局2022年度预算执行等情况、规划院财务收支等情况的审计工作。二是向审计署报送《关于落实全国人大常委会关于审计查出问题整改情况报告审议意见情况的函》。三是会同国家发展和改革委员会、财政部和自然资源部，印发《关于进一步做好退耕还林还草等工程审计查出问题整改工作的通知》。四是将审计发现地方问题纳入

"2022年下半年林长制落实情况督查问题线索清单",以林长制简报印发《关于林草领域审计发现问题有关情况的通报》。五是组织做好2022年内部审计全覆盖工作,将内部审计全覆盖与内部巡视、专项整治等重点工作贯通结合,完成大兴安岭林业集团、伊春森工集团、龙江森工集团3个重点国有林区2019—2021年度中央资金使用情况专项审计,完成三江源、东北虎豹、大熊猫、海南热带雨林、武夷山5个国家公园2020—2021年度国家公园中央资金专项审计,对71家二级和三级直属单位开展了内部审计。

> **专栏10　持续推进林草金融创新**
>
> 2022年,积极引导金融机构"进山入林"。分别与国家开发银行、中国农业发展银行续签合作协议,明确今后一个时期深度合作事项。积极协调商业银行出台政策支持林草发展,2022年,中国农业银行印发《国家储备林贷款操作规程(试行)》,明确提出以国家储备林为依托,支持木本油料、特色经济林、林产加工等产业,贷款期限最长可达50年,宽限期最长可达10年。林业贷款项目融资规模持续扩大,推动安徽、湖南、广东、贵州等一批国家储备林、林业生态保护与修复、林业产业发展、林业基础设施建设等贷款项目落地。截至2022年,共有654个国家储备林等林业贷款项目获得国家开发银行、中国农业发展银行批准,累计授信4399亿元,累计放款1807亿元。2022年新增100个贷款项目,新增授信667亿元,新增发放贷款376亿元。全年完成国家储备林任务693万亩,其中,利用两行贷款完成571万亩。
>
> 推动森林保险向多元化林草保险体系转变。森林保险覆盖面进一步扩大,2022年森林保险总面积1.64亿公顷,同比增长0.04%。总保费规模为38.37亿元,各级财政补贴33.66亿元,中央财政森林保险保费补贴政策覆盖37个参保地区和单位;提供风险保障约1.99万亿元;全年完成理赔11.05亿元,简单赔付率为28.80%。持续推进草原保险工作,内蒙古自治区省级财政支持的草原保险工作取得新成效。2022年,全年参保面积205.31万公顷,保费4137.34万元,理赔灾害271起,理赔面积39.28万公顷,理赔金额1670.26万元,简单赔付率40.37%,有效保障了受灾草原农牧民灾后恢复生产生活。会同财政部、银行保险监督管理委员会在河北、山西、辽宁、黑龙江、浙江、安徽、福建、江西、湖北、湖南、广东、四川、陕西、宁夏等14个防控野猪危害综合试点省(自治区)开展野生动物致害保险工作。目前,野生动物致害保险模式主要有责任险和政策性农业保险两类。截至2022年,责任险缴纳保费6627.81万元,保额25.46亿元,完成赔付3.9万起,赔付金额4410.3万元;缴纳政策性农业保险保费3.82亿元,保额988.65亿元,其中,因野生动物毁损各类农林作物发生的理赔案件1146起,共赔付345.69万元。

产业发展

P51-57

- 林草产业总产值
- 林草产业结构
- 林业产品产量和服务

产业发展

2022年，全国林草产业总产值延续增长态势。全国林草产业第一产业和第二产业均有不同幅度增长，第三产业略有降低，林草产业结构进一步优化。东部、中部和西部的林草产业总产值均保持增长趋势，东北地区的林草产业总产值略微下降。全国木材产量有所增加，锯材产量和人造板产量均有所减少。全国经济林面积和产量继续增加，林草旅游受疫情影响呈下降趋势，林草会展经济发展平缓。

（一）林草产业总产值

2022年，全国林草产业总产值为9.07万亿元（按现行价格计算），比2021年增长3.89%，同比增速降低2.99个百分点。自2020年以来，林草产业总产值的平均增速为3.81%（图3）。

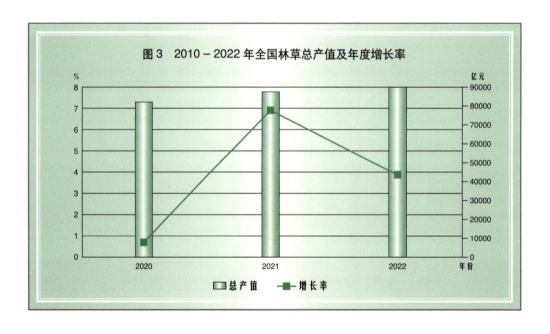

分地区看，2022年，东部地区林草产业总产值35583.44亿元，中部地区林草产业总产值24814.24亿元，西部地区林草产业总产值27165.77亿元，东北地区林草产业总产值3154.97亿元。东部、中部和西部林草产业总产值均有不同幅度增长，各地区林草产业总产值增长有所减缓，东部地区呈正向增长，增速为1.66%，中部地区和西部地区同样呈正向增长态势，分别为4.90%和6.45%，东北地区呈现负增长，但减少幅度较小，减幅为0.33%。东部地区林草产业总产值占全国林草产业总产值39.22%，比重略微下降，下降0.85个百分点，但在四个区域里依旧比重最大（图4）。

全国林草产业总产值超过4000亿元的省（自治区）共有12个，分别是广西、广东、福建、山东、江西、浙江、湖南、安徽、江苏、湖北、四川、贵州。其中，广西壮族自治区排名第一，林草产业总产值为8988.72亿元，连续两年林草产业总产值超过8000亿元。广东省位居第二，且其林草产业总产值为8713.79亿元，同比增长1.24%。12个省（自治区）的林草产业总产值合计72797.82亿元，占全国林草产业总产值的80.25%（图5）。

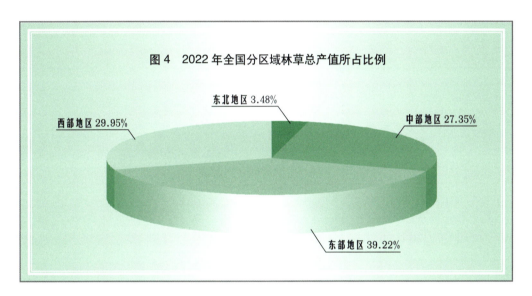

图4　2022年全国分区域林草总产值所占比例

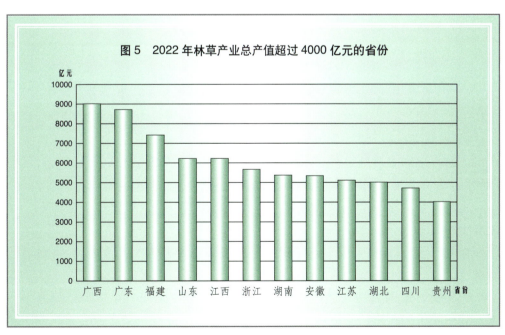

图5　2022年林草产业总产值超过4000亿元的省份

(二) 林草产业结构

林草一、二、三产业产值，与2021年相比，林草第一产业和第二产业继续增加、第三产业产值略微减少。林草产业结构分布进一步得到优化，由2021年的31∶45∶24调整为32∶45∶23，林草第一产业比重增加1个百分点，林草第三产业比重下降1个百分点。2022年，林草第一产业产值29072.02亿元，占全部林草产业总产值的32.05%，同比增长0.08%；林草第二产业产值40404.16亿元，占全部林草产业总产值的44.54%，同比增长0.19%；林草第三产业产值21242.48亿元，占全部林草产业总产值的23.41%，同比下降0.27%（图6）。

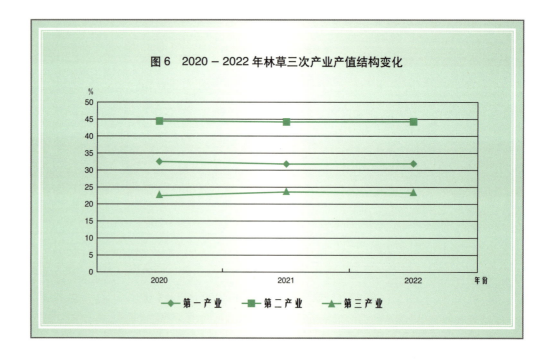

(三) 林业产品产量和服务

木材 全国木材（包括原木和薪材）总产量为12193万立方米，比2021年增加603.26万立方米，同比增长5.21%。

锯材 全国锯材产量为5699万立方米，比2021年减少2252.65万立方米，同比减少28.33%。

竹材 全国竹材产量为42.18亿根，比2021年增加9.62亿根，同比增长29.55%。

人造板 全国人造板总产量为30110万立方米，比2021年减少3563万立方米，同比减少10.58%；其中胶合板17629万立方米，减少1667万立方米，同比减少8.64%；纤维板4364万立方米，减少2053万立方米，同比减少31.99%；刨花板产量2658万立方米，减少1305万立方米，同比减少32.93%；其他人造板产量5460万立方米，增加1463万立方米，同比增加36.60%（图7、图8）。

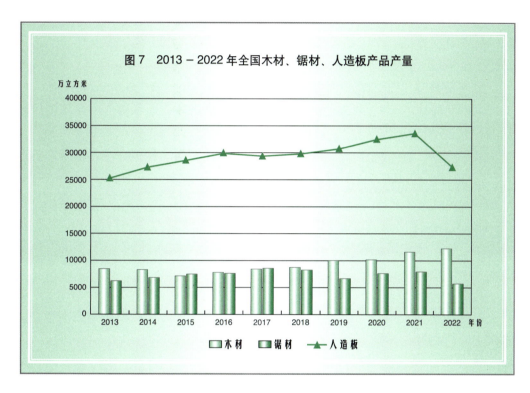

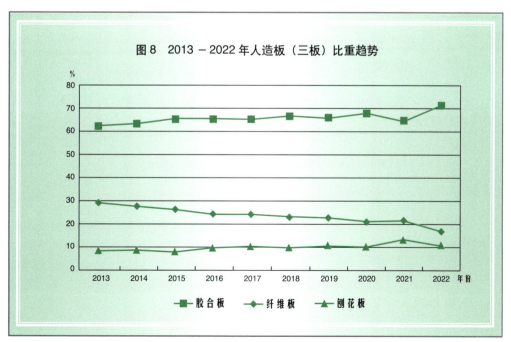

木浆 全国纸和纸板总产量12425万吨，比2021年增长2.64%；纸浆产量8587万吨，比2021年增长5.01%，其中，木浆产量2115万吨，比2021年增长16.92%。

木竹地板 全国木竹地板产量为6.51亿平方米，比2021年减少1.72亿平方米，同比减少21.00%。

林产化工产品 全国松香类产品产量67.21万吨，比2021年减少35.8万吨，同比减少34.75%。

经济林产品 2022年，经济林种植面积约7亿亩，年产量约2.24亿吨。其中，木本油料种植面积约2.2亿亩、油料产量934.27万吨，木本粮食种植面积1.06亿亩、产量1405万吨。

林下经济 林下经济经营和利用林地面积约6亿亩，林下经济产值近1万亿元，从业人数达3400万人，林农来自林下经济的年人均收入达1万余元。开展第五批国家林业重点龙头企业认定工作，认定166家国家林业重点龙头企业。对141家国家林业重点龙头企业2019—2021年的经营状况进行了运行监测，监测结果显示，国家林业重点龙头企业规模稳步扩大，运营情况比较平稳，示范带动作用持续增强。

林草旅游与休闲 受疫情影响，全国林草生态旅游游客容量呈下降趋势，生态旅游整体低迷。2022年全年全国林草系统生态旅游游客量为13.24亿人次，占2021年全年生态旅游游客量（20.93亿人次）的63.25%，2020年全年生态旅游游客量（18.68亿人次）的70.88%，为疫情发生前2019年全国生态旅游游客量（29.8亿人次）的44.43%。2022年，上半年相对消沉，第三季度快速恢复，年底再次下降，游客出行活动和游客数量与我国受疫情影响情况整体一致。

会展经济 国家林业和草原局与浙江省人民政府共同举办了第15届中国义乌国际森林产品博览会，来自20个国家和地区的1331家企业参展，到会客商6.1万人次，4天累计实现成交额10.28亿元；线上入驻企业802家，产品近4850个，流量达350万人次。

专栏 11　油茶产业发展战略行动计划

为保障我国食用油安全，构建多元化食物供给体系，国家林业和草原局认真贯彻落实习近平总书记重要指示精神和中央决策部署，采取系列举措大力发展油茶产业，油茶迎来了难得的发展机遇。国家林业和草原局加强组织领导，将发展油茶列入年度重点工作，成立油茶产业发展工作专班，并建立油茶生产定点联系工作机制，召开推进油茶生产工作视频会议。编制印发《加快油茶产业发展三年行动方案（2023—2025年）》，提出到2025年完成新增油茶种植1917万亩、改造低产林1275.9万亩，茶油产能达到200万吨的目标。在国家发展和改革委员会、财政部的支持下，2022年中央安排油茶补助资金约20亿元，支持湖南、江西、广西等重点省份开展油茶营造。通过安排国土绿化试点示范项目，支持湖南、福建等5个省开展油茶新造和低改。引导"双重"工程项目向重点油茶产区倾斜。针对用地矛盾突出的问题，国家林业和草原局联合自然资源部印发《关于保障油茶生产用地的通知》，下发《关于做好油茶生产用地保障工作的通知》，明确支持利用低效茶园、低效人工商品林地、疏林地、灌木林地等各类适宜的非耕地国土资源改培油茶，并要求油茶生产计划任务和完成情况落地上图，纳入林长制考核。

I 产品市场

P59-82

- 木材产品市场供给与消费
- 主要林产品进出口
- 主要草产品进出口

产品市场

2022年林产品出口增长7.69%、进口下降0.27%；其中，木质林产品出口大幅增长，进口小幅下降，在林产品出口中的占比回升、进口中的占比下降；非木质林产品进出口低速增长、出口增速低于进口增速。林产品贸易重现顺差。木材产品市场总供给（总消费）为49146.57万立方米，比2021年下降13.24%；其中，国内供给和进口大幅下降，但进口量仍超国内供给量，在总供给中份额回升；国内消费和出口下降，国内消费降幅远大于出口降幅。木材产品进出口价格水平大幅上涨、出口价格涨幅略高于进口价格涨幅。草产品出口157.26万元，进口11.71亿美元、比2021年增长26.32%；进出口以草饲料为主。

（一）木材产品市场供给与消费

1. 木材产品供给

2022年木材产品市场总供给为49146.57万立方米（图9），比2021年下降13.24%，其中，国内供给占46.73%，进口占53.27%。

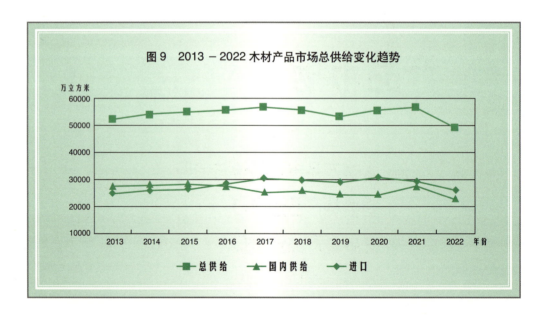

国内供给 原木和薪材产量12210.26万立方米，比2021年增长5.36%；木质纤维板产量3912.53万立方米、木质刨花板产量2474.81万立方米，分别比2021年下降35.37%和37.55%，二者相当于折合木材供给10754.77万立方米。

进口 原木4360.24万立方米，锯材（含特形材）3475.19万立方米，单板和人造板900.71万立方米，纸浆及纸类（木浆、纸和纸板、废纸和废纸浆、印刷品）

13818.88万立方米，木片3320.45万立方米，家具、木制品及木炭306.08万立方米。

其他 去库存和农民自用材等形式形成的木材供给为786.36万立方米。

2. 木材产品消费

2022年，木材产品市场总消费为49932.93万立方米，比2021年下降11.86%。其中，国内消费占76.12%，出口23.88%（图10）。

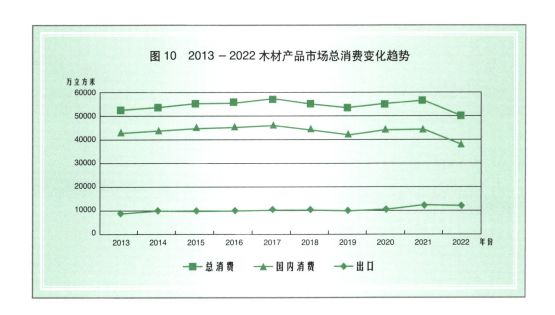

国内消费 国内消费包括工业与建筑用材消费。建筑业用材（含装修与装饰用材）13901.46万立方米，家具用材（指国内家具消费部分，出口家具耗材包括在出口项目中）4903.54万立方米，化纤业用材1338.97万立方米，造纸业用材15971.58万立方米，煤炭业用材578.30万立方米，包装、车船制造、林化等其他部门用材1313.38万立方米，分别比2021年减少18.72%、27.02%、2.95%、5.75%、0.62%和18.17%。

出口 按原木当量折合，原木5.28万立方米，锯材（含特形材）47.55万立方米，单板和人造板3345.00万立方米，纸浆及纸类（木浆、纸和纸板、废纸和废纸浆、印刷品）3910.81万立方米，家具4267.92万立方米，木片、木制品和木炭349.14万立方米。

3. 木材产品市场供需特点

国内供给、进口和总供给大幅下降 原木产量较快增长，木质刨花板和木质纤维板产量大幅下降，国内实际供给下降13.39%；胶合板、刨花板、废纸浆、木片、废纸进口量大幅增加，原木、锯材、单板、木浆、纸和纸产品、木家具进口量大幅下降，木质林产品进口总量下降10.41%，在木材产品总供给中的份额提高1.68个百分点。

国内实际消费大幅下降、出口小幅减少，实际总消费（国内生产消费与出口）快速下降　建筑业、木家具用材消费大幅增长，造纸业、化纤业和煤炭业用材中低速下降，实际国内消费下降11.86%；木浆、纸和纸板出口大幅扩大，锯材、人造板、木质家具、木制品的出口量快速减少，木质林产品出口总量下降2.45%，在木材产品总消费中的份额提高2.27个百分点。

进出口价格大幅上涨、出口价格涨幅略高于进口价格涨幅　按帕氏综合价格指数计算，2022年木质林产品（不含印刷品）总体出口价格水平和进口价格水平分别上涨10.00%和9.52%，其中，原木、特形材、纤维板、胶合板、木制品、木浆、纸和纸板、木家具、木片的出口价格分别上涨10.13%、17.39%、12.89%、13.47%、10.95%、50.24%、2.58%、20.21%、12.75%；锯材、单板和木质刨花板的出口价格分别下降9.96%、0.85%和9.27%；原木、锯材、特形材、木质刨花板、纤维板、胶合板、木制品、木浆、纸和纸板、木片、木家具的进口价格分别提高1.34%、3.61%、0.81%、20.21%、9.17%、0.16%、7.17%、16.00%、5.74%、20.44%、23.43%，单板的进口价格下降16.61%。

（二）主要林产品进出口

1. 基本态势

林产品出口快速增长、进口微幅下降，重现贸易顺差；在全国商品贸易中，出口占比重微升、进口所占比重略降　林产品进出口贸易总额为1918.74亿美元，比2021年增长3.70%；其中，出口992.42亿美元，比2021年增长7.69%，占全国商品出口额的2.76%，比2021年上升0.02个百分点；进口926.32亿美元，比2021年下降0.27%，占全国商品进口额的3.41%、比2021年下降0.05个百分点（图11）。贸易顺差66.10亿美元。

进出口贸易产品构成以木质林产品为主，且木质林产品的出口份额进一步提高、进口份额持续下降　林产品进出口贸易总额中，木质林产品占67.13%，比2021年提高0.11个百分点；其中，出口额中木质林产品占76.93%、比2021年提高1.21个百分点，进口额中木质林产品占56.64%、比2021年下降1.75个百分点（图12）。

林产品出口市场主要集中于亚洲、北美洲和欧洲，市场集中度提高，美国是林产品出口的最大贸易伙伴，但份额明显下降；进口市场主要集中于亚洲和欧洲，市场集中度下降，泰国是林产品进口的最大贸易伙伴　与2021年比，出口总额中亚洲、拉丁美洲和非洲的份额分别提高2.26、0.91和0.82个百分点，北美洲和欧洲的份额分别下降2.56和1.55个百分点。进口总额中拉丁美洲和亚洲份额分别提高2.68和0.57个百分点，欧洲和大洋洲的份额分别下降2.56和0.57个百分点。从主要贸易伙伴看（图13），前5位出口贸易伙伴的市场份额比2021年下

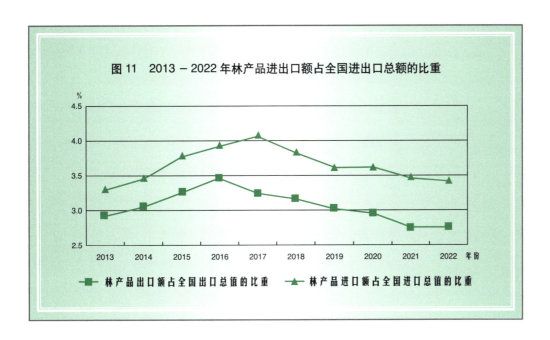

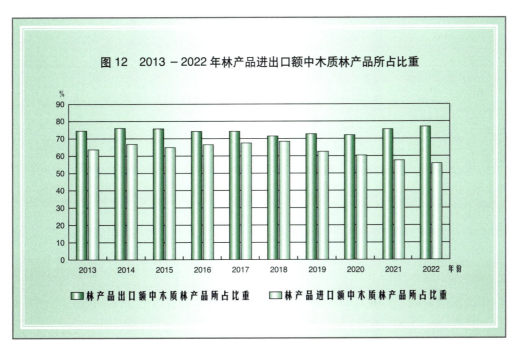

降3.75个百分点,其中,美国、英国、越南和中国香港的份额下降2.38、1.09、0.54和0.42个百分点;前5位进口贸易伙伴的市场份额比2021年提高1.03百分点,其中,巴西和美国的份额分别提高1.74和0.81个百分点,印度尼西亚的份额下降1.09个百分点。

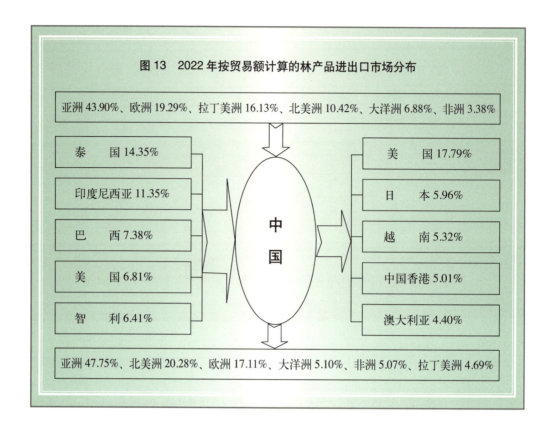

2. 木质林产品进出口

木质林产品出口大幅增长，进口小幅下降，产品和市场结构变化明显，贸易顺差持续大幅扩大 2022年，木质林产品出口763.43亿美元、比2021年增长9.40%，进口524.66亿美元、比2021年下降3.26%；贸易顺差238.77亿美元，比2020年扩大53.58%。出口额的近80%为纸及纸浆类产品和木家具（图14），产品集中度提高，与2021年比，纸及纸浆类产品的份额提高5.88个百分点，木家具、人造板和单板、木制品的份额分别下降3.15、1.58和1.02个百分点；进口额的近90%为纸及纸浆类产品、原木、锯材类产品（图15），产品集中度下降，与2021年比，纸及纸浆类产品和木片的份额分别提高2.65和2.57个百分点，原木的份额降低5.12个百分点。

从市场结构看，按贸易额，前5位出口贸易伙伴为：美国（20.36%）、日本（5.48%）、澳大利亚（5.24%）、越南（4.05%）、英国（3.98%），与2021年比，美国和英国的份额分别下降3.34和1.41个百分点。前5位进口贸易伙伴为：巴西（12.65%）、俄罗斯（10.91%）、印度尼西亚（8.45%）、美国（8.10%）、加拿大（6.29%），与2021年比，巴西和俄罗斯的份额分别提高3.53和0.43个百分点，加拿大和印度尼西亚的份额分别下降0.79和0.62个百分点。

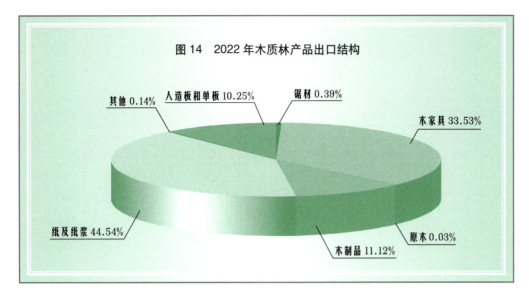

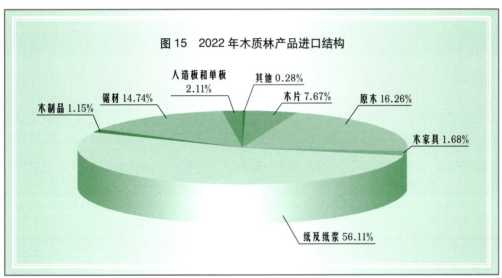

原木 出口增长，进口量值大幅下降，阔叶材占比提高，进出口价格上扬。出口5.28万立方米、合0.20亿美元，分别比2021年增长393.46%和400.00%，全部为阔叶材。进口4360.23万立方米、合85.33亿美元，分别比2021年下降31.42%和26.41%，其中，针叶材进口3116.37万立方米、合49.87亿美元，分别比2021年下降37.52%和36.73%。阔叶材进口1243.86万立方米、合35.46亿美元，分别比2021年下降9.21%和4.52%（图16）；进口额中阔叶材占比提高9.53个百分点。

从价格看，原木平均出口价格为378.79美元/立方米、平均进口价格为195.70美元/立方米，分别比 2021年上涨1.33%和7.29%；针叶材和阔叶材的平均进口价格分别为160.03美元/立方米和285.08美元/立方米，分别比2021年提高1.26%和5.16%。

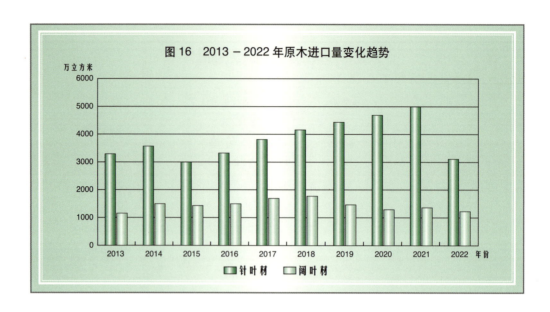

图16 2013-2022年原木进口量变化趋势

从市场结构看,德国和俄罗斯的份额下降,新西兰、美国、巴布亚新几内亚和法国的份额提高,市场集中度下降(表4)。

表4 2022年原木进口额的前5位贸易伙伴份额变化情况

原木			针叶材			阔叶材		
贸易伙伴	2022年份额(%)	比上年变化(百分点)	贸易伙伴	2022年份额(%)	比上年变化(百分点)	贸易伙伴	2022年份额(%)	比上年变化(百分点)
新西兰	31.52	2.57	新西兰	53.73	11.34	巴布亚新几内亚	15.48	2.2
德国	12	-4.62	德国	18.63	-4.48	美国	13.03	1.29
美国	8.63	0.11	美国	5.5	-1.5	法国	8.84	3.39
巴布亚新几内亚	6.43	2.18	加拿大	3.99	0.51	所罗门群岛	8.43	-0.14
法国	4.71	1.65	日本	3.33	0.88	俄罗斯	7.35	-2.6
合计	63.29	-2.18	合计	85.18	3.32	合计	53.13	4.14

原木进口数量、市场结构和价格变化的主要原因:一是受疫情影响,国内经济和固定资产投资增速放缓、房地产市场低迷,国内木材市场对需求下降,加上国际物流不畅,导致自欧洲、拉丁美洲和大洋洲进口的木材数量大幅下降。二是由于国际经济复苏缓慢,国际木材市场需求不足,加上越南等国在国际木材市场上的竞争影响,导致我国人造板、木家具出口下降的同时,对进口木材需求下降。三是俄乌冲突、国际经济关系变化和出口国的原木出口政策是

影响原木进口数量和市场格局的重要因素。一方面,受俄乌冲突的影响,从俄罗斯、乌克兰等欧洲国家以及美国、加拿大等国进口原木数量大幅下降;另一方面,受原木出口和采伐政策的影响,从俄罗斯进口的针叶原木大幅减少、阔叶原木数量较快增长;从巴西等拉丁美洲国家进口阔叶原木数量大幅下降的同时,从巴布亚新几内亚进口的阔叶原木快速增长。四是受运费上涨的推动,加上国际木材价格上扬的外溢效应,原木进口价格大幅提高;同时,由于进口自俄罗斯、巴西、乌拉圭、新西兰、日本等国的针叶原木价格相对较低,而进口自美国、加拿大、法国、赤道几内亚等国的阔叶原木价格相对较高,这些国家在我国原木进口量中的份额变化,一定程度上影响原木进口价格总体水平的涨幅。

锯材 进口和出口量值下降,针叶锯材进口量占比下降、进出口价格上涨,阔叶锯材进出口价格下降。锯材(不包括特形材)出口25.89万立方米,合1.68亿美元,分别比2021年下降 9.82%和11.11%;其中,针叶材出口7.48万立方米、阔叶材出口18.41万立方米,分别比2021年下降40.82%和23.44%。进口2647.17万立方米、合75.29亿美元,分别比2021年比下降8.22%和4.16%;其中,针叶材进口1732.99万立方米、阔叶材进口914.18万立方米,分别比2021年下降11.58%和1.08%(图17);进口总量中,针叶材份额比2021年降低2.49个百分点。从价格看,针叶材的平均出口价格为655.08美元/立方米、平均进口价格为233.76美元/立方米,分别比2021年上涨29.38%和5.64%;阔叶材的平均出口价格为646.39美元/立方米、平均进口价格为380.45美元/立方米,分别比2021年下降16.90%和0.09%。

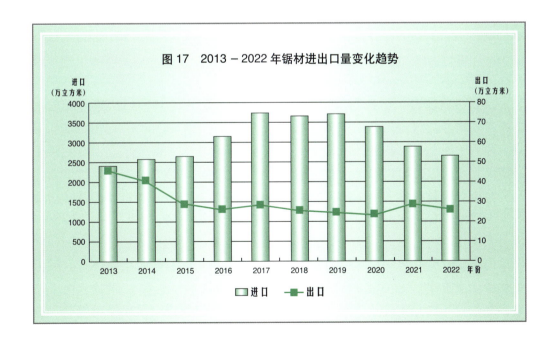

图17　2013－2022年锯材进出口量变化趋势

从锯材市场结构看，出口市场变化明显，日本的份额大幅下降，美国的份额快速提高，市场集中度明显下降；进口市场总体稳定，集中度小幅提高（表5）。

表5　2022年锯材进出口前5位贸易伙伴份额变化情况

锯材出口额			锯材进口额			针叶锯材进口额			阔叶锯材进口额		
贸易伙伴	2022年份额(%)	比上年变化(百分点)	贸易伙伴	2022年份额(%)	比上年变化(百分点)	贸易伙伴	2022年份额(%)	比上年变化(百分点)	贸易伙伴	2022年份额(%)	比上年变化(百分点)
日本	36.18	-9.37	俄罗斯	38.74	2.19	俄罗斯	63.43	4.67	泰国	28.92	-0.14
越南	17.21	-0.12	泰国	12.96	0.53	加拿大	8.92	-2.07	美国	24.39	2.13
美国	12.36	5.47	美国	11.47	1.35	乌克兰	4.68	0.74	俄罗斯	8.32	1.47
韩国	6.68	-3.36	加拿大	5.76	-1.64	芬兰	4.11	-0.34	加蓬	6.50	-0.89
澳大利亚	5.58	3.74	加蓬	2.91	-0.25	智利	3.23	0.51	罗马尼亚	3.21	0.70
合计	78.01	-4.95	合计	71.84	2.18	合计	84.37	2.26	合计	71.34	2.73

特形材出口6.31万吨、合1.33亿美元；进口15.39万吨、合2.05亿美元。其中，木地板条出口5.89万吨、合1.23亿美元，与2021年比，出口量下降15.01%、出口额持平；进口3.99万吨、合0.85亿美元，分别比2021年增长64.88%和54.55%。

从特形材市场分布看，按贸易额，前5位出口贸易伙伴的市场份额为：美国36.92%、日本25.25%、韩国10.99%、英国4.19%、澳大利亚3.50%；与2021年比，5位出口贸易伙伴的总份额下降0.21个百分点，其中，日本和英国的份额分别下降10.13和1.85个百分点，美国的份额提高11.94个百分点。主要进口市场份额为：印度尼西亚53.48%、缅甸39.25%，与2021年比，印度尼西亚的份额下降22.00个百分点，缅甸的份额增加20.34个百分点。

锯材进口数量、结构与价格变化的主要原因：一是我国经济增长和固定资产投资增速放缓，房地产市场低迷，加上家具、木制品和胶合板出口量的下降，国内木材总需求不足，导致锯材进口数量的下降。二是受俄乌冲突和国际经济关系变化以及出口国采伐政策的影响，一方面由于俄乌冲突，从俄罗斯、乌克兰进口锯材数量大幅下降，尽管自瑞典、芬兰和白俄罗斯进口的针叶锯材数量大幅增长，自欧洲进口的锯材总量仍然较大幅度下降，同时，由于国际经济关系变化，自美国、加拿大等国进口锯材数量持续大幅下降；另一方面，受出口国采伐政策的影响，从巴西等拉丁美洲国家进口锯材数量大幅下降。三是受运费上涨和欧美通货膨胀的推动，锯材进口价格大幅提高；同时，由于瑞典、芬兰等北欧针叶材品质好、价格高，其在针叶锯材进口量中份额提高，进一步推高了锯材进口平均价格的涨幅；而阔叶锯材进口中，自美国进口的阔叶锯材价格高、自泰国和俄罗斯进口的锯材价格相对低，锯材进口量中美国的份额下降、泰国和俄罗斯的份额提高，加上泰国橡胶木锯材进口价格的下降，很大程度上抑制了阔叶锯材进口平均价格的涨幅。

单板 出口量值下降、进口量减值增。出口44.29万立方米、合6.71亿美元，分别比2021年下降22.91%和16.23%，其中，阔叶单板43.57万立方米、合6.58亿美元，分别比2021年下降23.32%和16.60%；进口260.68万立方米、合4.07亿美元，与2021年比，进口量下降24.57、进口额增长7.11%，其中，阔叶单板232.64万立方米、合3.24亿美元，分别比2022年下降27.36%和5.26%。

从市场分布看，结构变化明显，集中度下降。按贸易额，前5位出口贸易伙伴为：越南（35.75%）、柬埔寨（8.68%）、印度（6.51%）、印度尼西亚（6.01%）、马来西亚（5.50%）；与2021年比，前5位出口贸易伙伴的总份额下降11.26个百分点，其中，柬埔寨、越南和印度的份额分别下降5.22、3.44和2.87个百分点，马来西亚的份额提高0.92个百分点。前5位进口贸易伙伴为：俄罗斯（35.77%）、越南（20.66%）、加蓬（6.64%）、喀麦隆（5.21%）、缅甸（4.53%）；与2021年相比，前5位进口贸易伙伴的总份额下降1.73个百分点，其中，越南的份额下降24.40个百分点，俄罗斯、加蓬、喀麦隆和缅甸的份额分别提高19.12、2.31、1.81和0.98个百分点。

人造板 出口下降、进口增长；从品种看，出口额中胶合板占绝对比重，产品构成基本稳定，进口额中以刨花板为主，纤维板份额大幅下降、胶合板和刨花板份额提高；从价格看，除胶合板进口价格微幅上涨外，其他人造板进出口价格大幅上扬（表6）。

表6 2022年"三板"进出口数量与价格变化情况

产品		出口量		出口平均价格		进口量		进口平均价格	
		数量（万立方米）	比2021年增减（%）	价格（美元/立方米）	比2021年增减（%）	数量（万立方米）	比2021年增减（%）	价格（美元/立方米）	比2021年增减（%）
胶合板		1055.72	-13.91	525.80	10.80	19.56	22.86	961.15	0.67
纤维板		283.24	-10.37	427.20	12.31	11.80	-33.86	830.51	12.24
其中	硬质板	268.74	1637.17	411.55	-34.36	9.27	151.90	798.27	8.80
	中密度板	14.15	-95.29	706.71	92.34	2.43	-82.63	946.50	26.11
	绝缘板	0.35	2.94	1142.86	94.28	0.10	-37.50	0.00	—
刨花板		56.76	-35.66	685.34	41.59	119.26	5.45	343.79	20.38
其中：OSB		17.30	-60.49	953.76	113.09	28.71	2.54	344.83	12.27

2022年，胶合板、纤维板和刨花板出口额分别为55.51亿美元、12.10亿美元和3.89亿美元，与2021年比，胶合板和刨花板出口额分别下降4.61%和8.90%，纤维板出口额提高0.67%；胶合板、纤维板和刨花板进口额分别为1.88亿美元、0.98亿美元和4.10亿美元，与2021年比，胶合板和刨花板的进口额分别提高23.68%和26.93%，纤维板进口额下降25.76%。

"三板"出口额中，胶合板、纤维板和刨花板的比重分别为77.64%、16.92%和5.44%，与2021年比，胶合板和刨花板的比重分别下降0.49和0.29个百分点，纤维板的比重提高0.78个百分点；"三板"进口额中，胶合板、纤维板和刨花板的份额分别为27.01%、14.08%和58.91%，与2021年比，胶合板和刨花板的份额分别提高1.97和5.70个百分点，纤维板的份额下降7.67个百分点。

从市场分布看（图18），胶合板出口市场相对分散、集中度小幅下降；进口市场大幅向俄罗斯集中。纤维板出口市场变化明显，集中度小幅提高；进口市场主要集中在欧洲和新西兰，集中度小幅下降。刨花板出口市场相对分散、变化明显，拉丁美洲和英国的市场份额向东南亚和日本转移，市场集中度进一步提高；进口高度集中于欧洲、东南亚、俄罗斯和巴西，集中度小幅下降。

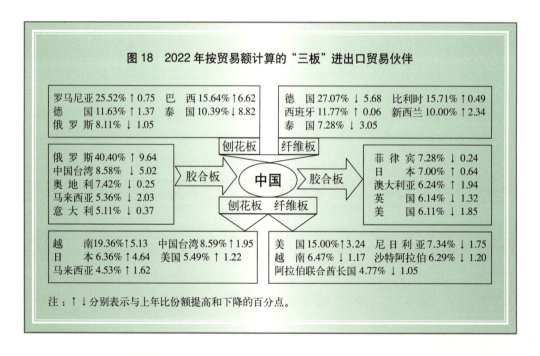

图18　2022年按贸易额计算的"三板"进出口贸易伙伴

2022年，人造板进出口总量与结构变化的主要原因：一是由于美欧受通货膨胀影响，家装建材市场不景气，对木制品需求下降，加上疫情造成的物流不畅以及中美贸易摩擦的影响，对美国、英国、越南和尼日利亚等主要胶合板贸易伙伴的出口量大量减少，导致胶合板出口量的总体大幅下降；同时，虽然阿拉伯联合酋长国、沙特阿拉伯等纤维板出口传统市场的需求扩大，但对尼日利亚、越南、墨西哥和俄罗斯等主要纤维板贸易伙伴出口量大量减少，导致纤维板出口量总体大幅下降。二是国内胶合板、木质纤维板和木质刨花板产量的大幅下降，导致人造板出口总量下降的同时，进口总量增加。三是从巴西、德国、俄罗斯和罗马尼亚等主要刨花板贸易伙伴的进口量大幅增加，推动刨花板进口量较快增长。

木家具 进出口量值全面下降、价格大幅上扬，贸易顺差微幅扩大。出口3.57亿件、合255.97亿美元，分别比2021年下降20.84%和0.01%；进口435.40万件、合8.81亿美元，分别比2021年下降37.49%和11.46%（图19）；贸易顺差247.16亿美元，比2021年扩大0.45%。

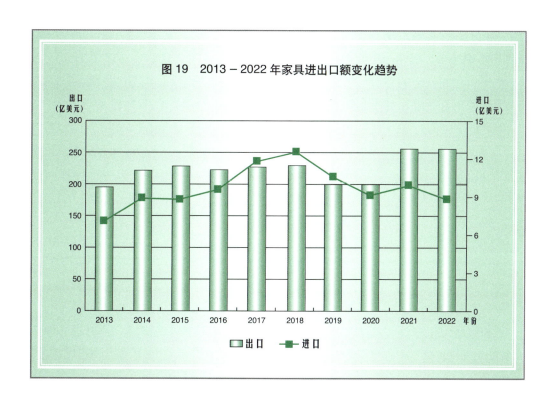

从产品结构看，按贸易额，出口中各类家具的份额为：木框架坐具35.66%、卧室木家具11.24%、办公木家具4.61%、厨房木家具3.46%、其他木家具34.84%、木制家具零件10.19%。进口中各类家具的份额为：木框架坐具32.12%、厨房木家具15.32%、卧室木家具13.74%、办公木家具1.02%、其他木家具29.40%、木制家具零件8.40%（表7）。

表7　2022年各类家具进出口额和价格变化

类别	出口额（亿美元）	出口额增长率（%）	进口额（亿美元）	进口额增长率（%）	出口平均价格（美元/件）	出口平均价格增长率（%）	进口平均价格（美元/件）	进口平均价格增长率（%）
木框架坐具	91.28	−13.74	2.83	−8.71	90.38	6.76	224.53	14.24
办公木家具	11.80	−13.62	0.09	−50.00	53.64	21.74	120.48	13.65
厨房木家具	8.85	−4.94	1.35	−21.05	46.58	5.08	138.36	4.72
卧室木家具	28.77	−1.61	1.21	−24.38	92.81	14.27	474.14	29.17
其他木家具	89.17	−8.98	2.59	−22.92	48.46	17.74	144.85	50.38
木制家具零件	26.10	—	0.74	—	5202.31*	—	2868.22*	—

* 木制家具零件的出口平均价格和进口平均价格的计量单位为美元/吨。

从市场分布看，依贸易额，前5位出口贸易伙伴为：美国（27.48%）、澳大利亚（6.45%）、日本（6.18%）、韩国（5.60%）、英国（4.98%）；与2021年比，前5位出口贸易伙伴的总份额下降4.72个百分点，其中，美国和英国的份额分别下降4.32和1.72个百分点，韩国和澳大利亚的份额分别提高0.54和0.40个百分点。前5位进口贸易伙伴为：意大利（44.95%）、德国（13.19%）、越南（9.48%）、波兰（5.29%）、法国（2.52%）；与2021年相比，前5位进口贸易伙伴的总份额下降2.12个百分点，其中，德国和立陶宛的份额分别下降2.20和1.61个百分点，意大利和法国的份额分别提高0.70和0.51个百分点。

家具进出口规模与结构变化的主要原因：一是受美元持续加息影响，欧美国家建筑家装市场疲弱，对家具需求下降；同时，越南等东南亚国家在国际木家具市场上的竞争，在一定程度上推动了我国木家具出口的下降。二是因疫情影响导致的运输不畅，以及运费大涨，一定程度上加剧了木家具出口下降。三是由于国内房地产家装市场低迷，家具需求减少，导致家具进口规模下降。

木制品　出口微幅增长、进口大幅下降，贸易顺差小幅扩大。出口84.89亿美元、进口6.04亿美元，与2021年比，出口增长0.19%、进口下降11.70%。从产品构成看，各类木制品进出口增幅差异大、份额构成相对稳定（表8）。

表8　木制品进出口金额与构成变化

产品类型	增长率（%）		贸易额构成（%）		构成变化（百分点）	
	出口额	进口额	出口额	进口额	出口额	进口额
建筑用木工制品	3.30	−5.32	16.6	14.74	0.50	1.00
木制餐具及厨房用具	9.91	15.38	7.57	4.97	0.67	1.17
木工艺品	−7.11	−8.82	24.17	5.13	−1.90	0.16
其他木制品	1.62	−14.34	51.66	75.17	0.73	−2.32

从市场分布看，依贸易额，前5位出口贸易伙伴的份额依次为：美国32.26%、日本8.33%、英国4.89%、澳大利亚4.51%、德国4.11%；与2021年比，前5位出口贸易伙伴的总份额下降3.32个百分点，其中，德国和英国的份额分别下降2.18和1.03个百分点，日本的份额提高0.47个百分点。前5位进口贸易伙伴的份额分别为：印度尼西亚32.73%、厄瓜多尔18.74%、俄罗斯8.61%、意大利4.34%、法国3.99%；与2021年比，前5位出口贸易伙伴的总份额提高0.36个百分点，其中，俄罗斯、厄瓜多尔、法国和意大利的份额分别提高3.09、2.65、0.79和0.67个百分点，印度尼西亚的份额下降6.58个百分点。

纸类 出口大幅增加、进口量减值增，出口价格下降、进口价格上涨，重现贸易顺差。纸类产品出口340.02亿美元、进口294.36亿美元，分别比2021年增长26.05%和1.52%。出口产品主要是纸和纸制品，占纸类产品出口总额的92.08%，比2021年提高2.50个百分点；进口产品以木浆、纸和纸制品为主，但回收纸浆的份额持续提高，分别占纸类产品进口总额的71.57%、23.71%和4.17%，与2021年比，纸和纸制品的份额下降6.74个百分点，木浆和回收纸浆的份额分别提高6.17和0.60个百分点。贸易顺差45.66亿美元。

纸和纸制品出口1271.89万吨（图20）、合313.10亿美元，分别比2021年增长37.92%和29.57%；进口894.77万吨（图20）、合69.78亿美元，分别比2021年下降24.98%和20.96%；平均出口价格为2461.69美元/吨，比2021年下降6.05%，平均进口价格为779.87美元/吨，比2021年上涨5.36%。

木浆（不包括从回收纸和纸板中提取的纤维浆）出口17.32万吨、合2.19亿美元，分别比2021年增长125.23%和212.86%；进口2625.08万吨（图21）、合210.67亿美元，与2021年比，进口量下降3.55%、进口额增长11.10%；平均出

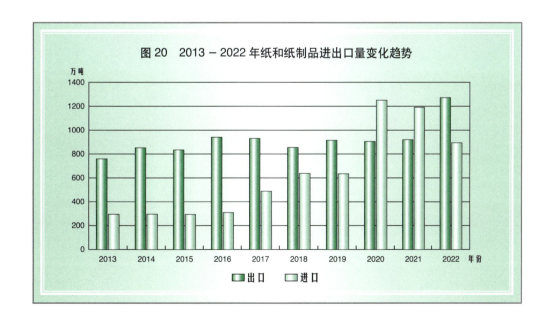

图20 2013－2022年纸和纸制品进出口量变化趋势

口价格为1264.43美元/吨、平均进口价格为802.53美元/吨,分别比 2021年上涨38.91%和15.19%。

回收纸浆进口288.28万吨(图21)、合12.27亿美元,分别比2021年增长18.00%和18.55%;平均进口价格为425.63美元/吨,比2021年微涨0.47%。

废纸进口57.30万吨(图21)、合1.36亿美元,分别比2021年提高6.60%和3.03%;平均进口价格为237.35美元/吨,比2021年下降3.35%。

从市场分布看(图22),2022年,木浆和纸类产品进出口市场格局变化明

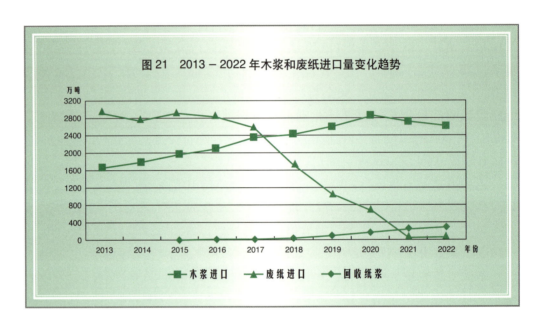

图21 2013－2022年木浆和废纸进口量变化趋势

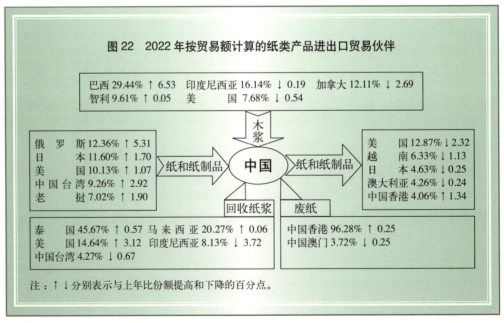

图22 2022年按贸易额计算的纸类产品进出口贸易伙伴

木浆:
巴西29.44% ↑6.53　印度尼西亚16.14% ↓0.19　加拿大12.11% ↓2.69
智利9.61% ↑0.05　美　国7.68% ↓0.54

纸和纸制品（进口）:
俄　罗　斯12.36% ↑5.31
日　　　本11.60% ↑1.70
美　　　国10.13% ↑1.07
中 国 台 湾9.26% ↑2.92
老　　　挝7.02% ↑1.90

纸和纸制品（出口）:
美　　　国12.87% ↓2.32
越　　　南6.33% ↓1.13
日　　　本4.63% ↓0.25
澳大利亚4.26% ↓0.24
中国香港4.06% ↑1.34

回收纸浆:
泰　　　国45.67% ↑0.57　马 来 西 亚20.27% ↑0.06
美　　　国14.64% ↑3.12　印度尼西亚8.13% ↓3.72
中 国 台 湾4.27% ↓0.67

废纸:
中国香港96.28% ↑0.25
中国澳门3.72% ↓0.25

注:↑↓分别表示与上年比份额提高和下降的百分点。

显，木浆进口市场份额由北美洲向南美洲转移、集中度提高，纸和纸制品出口市场进一步分散、集中度大幅下降，进口市场集中度明显提高；回收纸浆进口的市场格局基本稳定，市场份额由东南亚市场向美国转移；由于禁止废纸进口政策的实施，废纸进口市场基本集中于中国香港。

木片 进口1844.69万吨（图23）、合40.26亿美元，分别比2021年增长18.10%和45.66%；平均进口价格为218.26美元/吨，比2021年上涨23.35%，其中，非针叶木片的平均进口价格为268.48美元/吨、针叶木片的平均进口价格为215.78美元/吨，分别比2021年上涨37.04%和22.68%；进口额中，非针叶木片占94.21%，与2021年基本持平。

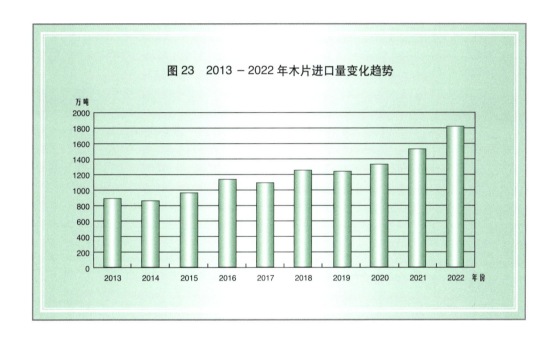

从市场分布看，依进口额，前5位贸易伙伴的份额依次为：越南53.26%、澳大利亚21.91%、泰国7.07%、智利4.31%、巴西3.71%；与2021年比，前5位进口贸易伙伴的总份额提升1.90个百分点，其中，越南和泰国的份额分别提升4.04和2.85个百分点，智利、巴西和澳大利亚的份额分别下降2.74、1.47和0.78个百分点。

3. 非木质林产品进出口

非木质林产品进出口低速增长、出口增速低于进口增速；贸易逆差扩大；进出口产品结构变化明显。

2022年，非木质林产品出口228.99亿美元、进口401.68亿美元，分别比2021年增长2.35%和3.94%，贸易逆差172.69亿美元，比2021年扩大6.13%。

从产品结构看（图24、图25），与2021年相比，出口额中，果类，茶、咖啡、可可类的份额分别下降3.96和0.87个百分点，林化产品②和森林蔬菜、木薯类的份额分别提高3.63和1.17个百分点。进口额中，森林蔬菜、木薯类的份额提高2.26个百分点；果类、木本油料、林化产品的份额分别下降1.41、0.59和0.52个百分点；其他产品的份额变化微小。

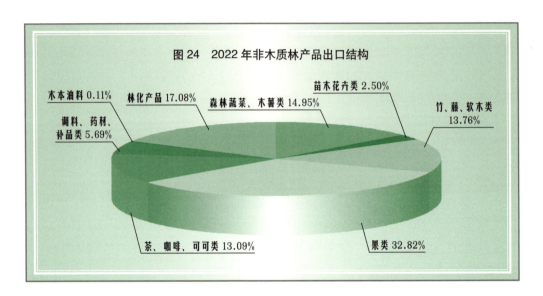

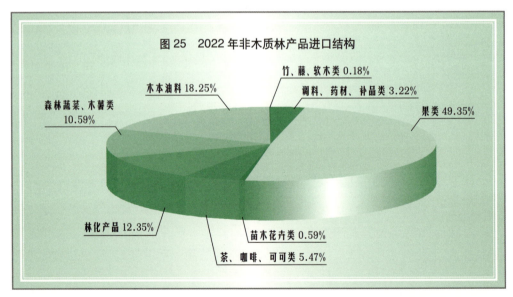

从市场分布看，按贸易额，前5位出口贸易伙伴的份额依次为：越南9.54%、美国9.25%、中国香港9.06%、日本7.56%、泰国5.77%；与2021年比，前5位出口贸易伙伴的总份额下降2.29个百分点，其中，越南和中国香港的

---

② 2021年报告中林化产品包含木本油料，2022年不含木本油料。

份额分别下降1.86和0.64个百分点。前5位进口贸易伙伴的份额分别为：泰国28.08%、印度尼西亚15.47%、智利9.26%、马来西亚8.99%、越南7.58%；与2021年比，前5位出口贸易伙伴的总份额提高1.17个百分点，其中，越南、智利和马来西亚的份额分别提高2.22、2.14和0.70个百分点，印度尼西亚和泰国的份额下降1.69和0.94个百分点。

果类 出口75.16亿美元、进口198.22亿美元，与2021年比，出口下降8.65%、进口增长1.05%、贸易逆差扩大9.17亿美元。从产品类别看（表9），果类出口额和进口额中以干鲜果和坚果为主，但出口份额明显下降、进口份额小幅提高；果类加工品出口额中近60%为果类罐头和果汁、进口额中80%以上为果汁、果酒和饮料。

表9 果类产品贸易额构成及变化

产品类别		贸易额构成（%）		构成变化（百分点）	
		出口额	进口额	出口额	进口额
干鲜果和坚果		67.85	76.28	−5.22	1.91
果类加工品		31.48	22.31	5.25	−2.29
其中：	果类罐头	35.23	0.45	3.09	−0.07
	果汁	23.28	13.14	−0.39	1.91
	果酒和饮料	5.37	67.05	−1.72	−6.88
	其他果类加工品	36.12	19.36	−0.98	3.92
其他果类产品		0.67	1.41	−0.02	0.38

从市场分布看，按贸易额，前5位出口贸易伙伴依次为：越南（15.28%）、美国（11.86%）、泰国（10.01%）、印度尼西亚（8.01%）、日本（7.07%）；与2021年比，前5位贸易伙伴的份额提高1.26个百分点，其中，美国和日本的份额分别提高2.99和0.93个百分点，越南和菲律宾的份额分别下降2.68和1.99个百分点。前5位进口贸易伙伴分别为：泰国（32.07%）、智利（18.72%）、法国（10.55%）、越南（7.45%）、美国（5.42%）；与2021年比，前5位贸易伙伴的份额提高1.78个百分点，其中，智利和越南的份额分别提高4.75和1.75个百分点，法国、泰国和美国的份额分别下降2.01、1.41和1.30个百分点。

木本油料 出口17294.74吨、合2493.49万美元，分别比2021年增长9.13%和45.30%，出口575.05万吨、合73.30亿美元，与2021年比，进口量下降20.47%、进口额提高0.67%，贸易逆差扩大0.41亿美元。从产品构成看，进口额中，棕榈油及分离品、椰子油及分离品和橄榄油及分离品的份额分别为91.28%、5.70%和3.02%，与2021年比，棕榈油及分离品的份额下降2.11个百分点，椰子油及分离品和橄榄油及分离品的份额分别提高1.80和0.31个百分点。从价格看，棕榈油及分离品、椰子油及分离品和橄榄油及分离品的平均进口价格分别为1221.25美元/吨、1908.68美元/吨和4193.55美元/吨，分别比2021年上涨25.80%、17.01%和11.12%。

从市场分布看，依贸易额，印度尼西亚和马来西亚的份额分别为64.58%和29.96%，与2021年比，印度尼西亚的份额下降5.56个百分点、马来西亚的份额提高4.23个百分点。

林化产品 出口39.11亿美元、进口49.62亿美元，分别比2021年增长46.64%和1.91%，贸易逆差缩小11.51亿美元。从产品结构看，出口产品主要是柠檬酸及加工品、咖啡因及其盐、松香及加工品，三者的总份额为77.97%，比2021年提高9.95个百分点。柠檬酸及加工品、咖啡因及其盐的进出口量值大幅增长、价格上涨，松香及加工品出口量值和价格下降（表10）。

进口产品主要是天然橡胶与树胶、松香及加工品，二者的总份额为84.02%，比2021年提高1.00个百分点；天然橡胶与树胶进口量值增长、价格下降，松香及加工品量值大幅下降、价格上涨（表11）。

表10　2022年大宗林化产品出口量值与出口价格变化情况

商品名称	数量（万吨）	数量增幅（%）	金额（亿美元）	金额增幅（%）	出口额占比（%）	比重变动（百分点）	价格（美元/吨）	价格涨幅（%）
柠檬酸及加工品	149.16	12.43	24.70	80.16	63.16	11.75	1655.94	60.24
咖啡因及其盐	2.21	18.18	3.66	81.19	9.36	1.79	16561.09	53.31
松香及加工品	8.44	−3.65	2.13	−11.62	5.45	−3.59	2523.70	−8.27

表11　2022年大宗林化产品进口量值与进口价格变化情况

商品名称	数量（万吨）	数量增幅（%）	金额（亿美元）	金额增幅（%）	占进口额比重（%）	比重变动（百分点）	价格（美元/吨）	价格涨幅（%）
天然橡胶与树胶	263.63	10.50	40.28	4.38	81.18	1.92	1527.90	−5.54
松香及加工品	8.12	−29.14	1.41	−22.95	2.84	−0.92	1736.45	8.74

从市场分布看，按贸易额，前5位出口贸易伙伴为：印度6.32%、日本6.13%、美国6.04%、德国5.96%、印度尼西亚4.50%；与2021年比，前5位贸易伙伴的份额下降4.83个百分点，其中，韩国、美国和日本的份额分别下降2.79、1.94和1.51个百分点。前5位进口贸易伙伴依次为：泰国35.10%、马来西亚9.86%、科特迪瓦8.67%、印度尼西亚8.53%、越南8.22%；与2021年比，前5位贸易伙伴的份额下降2.70个百分点，其中，泰国和马来西亚的份

额分别下降5.13和1.60个百分点,科特迪瓦和越南的份额提高2.37和1.35个百分点。

森林蔬菜、木薯类 出口34.23亿美元,比2021年增长11.03%。其中,食用菌类出口31.43亿美元、竹笋出口2.63亿美元,与2021年比,食用菌类出口增长11.93%、竹笋出口持平。进口42.52亿美元,比2021年增长32.13%,其中,木薯产品进口42.44亿美元,比2021年增长32.21%。贸易逆差扩大6.94亿美元。

从市场结构看,依贸易额,前5位出口贸易伙伴依次为:中国香港24.18%、越南13.35%、日本10.83%、泰国7.68%、马来西亚6.91%;与2021年比,前5位出口贸易伙伴的总份额下降2.29个百分点,其中,越南、马来西亚和日本的份额分别下降2.98、1.31和0.67个百分点,中国香港的份额提高2.58个百分点。主要进口贸易伙伴的市场份额分别为:泰国73.72%、越南22.86%,与2021年比,越南的份额提高9.14个百分点、泰国的份额下降6.88个百分点。

茶、咖啡、可可类 出口下降、进口增长,顺差缩小,咖啡类和可可类进出口价格上涨、茶叶进出口价格下降(表12)。出口29.98亿美元、进口21.97亿美元,与2021年比,出口下降3.97%、进口增长5.63%、贸易顺差缩减2.41亿美元。其中,茶叶、咖啡类、可可类的出口额分别为20.83亿美元、2.19亿美元和4.33亿美元,与2021年比,茶叶和可可类产品出口额分别下降9.40%和0.69%,咖啡类出口额增长114.71%;茶叶、咖啡类、可可类的进口额分别为1.46亿美元、7.18亿美元和9.43亿美元,与2021年比,咖啡类进口增长36.50%,茶叶和可可类进口分别下降21.08%和9.76%。从产品构成看,出口额中,茶叶、咖啡类产品、可可类的份额分别为69.48%、7.31%和14.44%,与2021年比,茶叶的份额下降4.16个百分点,咖啡类和可可类产品的份额分别提高4.04和0.48个百分点。进口额中,茶叶、咖啡类、可可类的份额分别为6.65%、32.68%和42.92%,与2021年比,茶叶和可可类的份额分别下降2.24和7.32个百分点,咖啡类的份额提高7.39个百分点。

表12 2022年茶、咖啡、可可类产品进出口变化情况

产品	出口量		出口平均价格		进口量		进口平均价格	
	数量(万吨)	增长率(%)	价格(美元/吨)	涨/跌幅(%)	数量(万吨)	增长率(%)	价格(美元/吨)	涨/跌幅(%)
咖啡类	4.71	75.09	4654.85	23.30	12.47	1.55	5760.12	34.35
茶叶	37.53	1.60	5549.82	−10.84	4.13	−11.75	3537.59	−10.46
可可类	8.40	−2.78	5154.13	2.07	21.48	−19.34	4389.77	11.92

从市场结构看，茶叶出口市场主要分布于中国香港、东南亚地区和摩洛哥，进口市场高度集中于南亚和中国台湾；可可类产品出口市场主要分布于中国香港、韩国、菲律宾和美国，进口市场主要集中于东南亚和欧洲；咖啡类产品的出口市场主要分布于德国、荷兰和俄罗斯，进口市场高度集中于非洲、东南亚、拉丁美洲，份额由东南亚和欧洲市场向非洲市场转移（图26）。

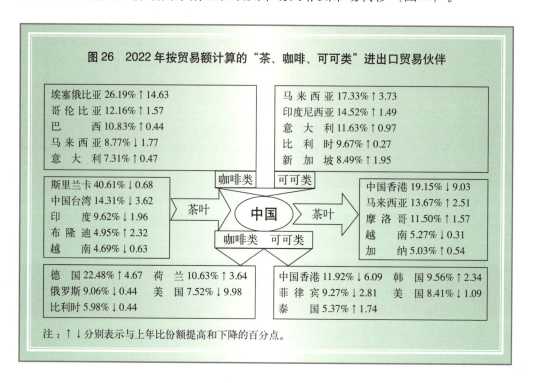

图26 2022年按贸易额计算的"茶、咖啡、可可类"进出口贸易伙伴

注：↑↓分别表示与上年比份额提高和下降的百分点。

竹、藤、软木类 出口31.51亿美元、进口0.72亿美元，与2021年比，出口增长1.91%、进口下降5.26%，贸易顺差扩大0.63亿美元。出口以竹制餐具及厨房用具、柳及柳编结品（不含家具）、竹及竹编结品（不含家具）为主，竹制餐具及厨房用具的份额提高，竹及竹编结品、柳及柳编结品份额下降（表13）；进口以软木及其制品、藤及藤编结品（不含家具）为主，占份额分别为56.94%和25.00%，与2021年比，软木及其制品的份额下降6.22个百分点、藤及藤编结品（不含家具）的份额提高3.95个百分点。

表13 2022年主要竹藤制品出口变化情况

产品	出口量（万吨）	出口量增长（%）	出口额（亿美元）	出口额增长（%）	出口额占比（%）	出口额占比变化（百分点）	贸易差额（亿美元）	贸易差额变化（亿美元）
竹制餐具及厨房用具	28.23	5.81	8.29	7.24	26.31	1.31	8.28	0.57
柳及柳编结品（不含家具）	4.64	−20.14	4.97	−14.46	15.77	−3.02	4.95	−0.85

(续)

产品	出口量(万吨)	出口量增长(%)	出口额(亿美元)	出口额增长(%)	出口额占比(%)	出口额占比变化(百分点)	贸易差额(亿美元)	贸易差额变化(亿美元)
竹及竹编结品（不含家具）	17.14	−13.65	3.27	−16.79	10.38	−2.33	3.25	−0.65
竹藤柳家具	1.35	−2.88	2.20	−2.22	6.98	−0.30	2.17	−0.05
竹地板和竹制特型材	9.64	−1.43	1.53	0.66	4.86	−0.06	1.53	0.01
藤及藤编结品（不含家具）	0.99	−8.33	1.16	12.62	3.68	0.35	0.98	0.11
竹单板和胶合板	5.27	−1.68	0.79	2.60	2.51	0.02	0.79	0.02

从市场结构看，按贸易额，前5位出口贸易伙伴的份额依次为：美国19.73%、日本8.04%、荷兰6.13%、德国5.34%、英国4.73%；与2021年比，前5位出口贸易伙伴的总份额下降4.15个百分点，其中，美国、英国和德国的份额分别下降2.50、1.76和0.78个百分点，日本的份额提高1.22个百分点。前5位进口贸易伙伴的份额分别为葡萄牙42.39%、菲律宾12.07%、越南9.09%、马来西亚7.46%、法国5.71%。

调料、药材、补品类 出口13.03亿美元、进口12.94亿美元，与2021年比，出口额下降4.16%和12.23%。

按贸易额，调料、药材、补品类出口的前5位贸易伙伴的份额依次为：中国香港15.54%、越南15.11%、日本10.77%、马来西亚6.18%、英国4.30%；与2021年比，前5位贸易伙伴的总份额提高0.88个百分点，其中，马来西亚和中国香港的份额分别提高2.38和1.59个百分点，越南和英国的份额分别下降2.59和0.77个百分点。前5位进口贸易伙伴的份额分别为：印度尼西亚35.72%、马来西亚19.72%、中国香港14.37%、德国11.44%、新西兰8.45%；与2021年比，前5位贸易伙伴的总份额提高1.25个百分点，其中，马来西亚、中国香港和德国的份额分别提高2.56、2.46和2.30个百分点，新西兰和印度尼西亚的份额分别下降3.31和2.76个百分点。

苗木花卉类 出口5.73亿美元、进口2.38亿美元，与2021年比，出口额增长0.70%、进口额下降2.46%。

（三）主要草产品进出口

2022年，草产品出口157.26万美元、进口11.71亿美元，与2021年比，出口增长363.07%、进口增长26.32%，贸易差额扩大2.42亿美元。出口额和进口额中，草饲料分别占99.90%和85.57%，分别比2021年提高66.33和2.83个百分点。

草种子 出口0.10吨、合0.16万美元，全部为紫苜蓿子，分别比2021年下降99.83%和99.29%。进口5.20万吨、合1.69亿美元，与2021年比，进口量下降27.37%、进口额增长5.62%。进口以黑麦草种子、羊茅子和草地早熟禾子为主（表14）。

表14　2022年草种子进口变化情况

商品名称	数量（万吨）	数量增速（%）	金额（亿美元）	金额增速（%）	金额占比（%）	占比变化（百分点）
紫苜蓿子	0.16	−69.23	0.08	−57.89	3.08	−4.18
三叶草子	0.22	−38.89	0.11	−26.67	4.23	−0.80
羊茅子	1.05	−49.76	0.47	6.82	20.19	−9.00
草地早熟禾子	0.39	−50.63	0.24	−14.29	7.50	−3.53
黑麦草种子	3.38	−0.59	0.79	46.30	65.00	17.51

草饲料　出口179.91吨、合157.10万美元，分别比2021年增长221.15%和1278.07%；进口197.71万吨、合10.02亿美元，与2021年比，进口量下降3.29%、进口额增长30.64%。其中，紫苜蓿粗粉及团粒进口3.73万吨、合0.11亿美元，分别比2021年下降28.68%和21.43%；其他草饲料进口193.98万吨、合9.91亿美元、占草饲料进口总额的98.11%，与2021年比，进口量下降2.63%、进口额增长31.61%、占草饲料进口额的比重提高0.67个百分点。

从市场构成看，按贸易额，草种子进口的前5位贸易伙伴依次为：美国（46.88%）、丹麦（17.67%）、阿根廷（10.40%）、新西兰（8.62%）和加拿大（7.34%）；与2021年比，前5位贸易伙伴的总份额下降1.25个百分点，其中，美国和加拿大的份额分别下降9.28和3.49个百分点。丹麦、阿根廷和新西兰的份额分别提高5.05、4.01和2.46个百分点。饲料进口的前3位贸易伙伴依次为：美国（75.68%）、西班牙（10.68%）、澳大利亚（6.52%）；与2021年比，前3位贸易伙伴的总份额下降1.39个百分点，其中，澳大利亚的份额下降2.97个百分点，美国的份额提高1.67个百分点。

J P83-87

生态公共服务

- 森林城市
- 生态示范基地
- 文化活动
- 传播与传媒
- 生态文明教育

生态公共服务

2022年，森林城市高质量发展持续推进，各类生态文化蓬勃发展，文化活动形式多样、内容丰富，理论研究成果丰硕，媒体宣传影响持续扩大深远，生态文明教育活动广泛开展，生态公共服务保持高质量水平。

（一）森林城市

新授予北京市石景山区等26个城市"国家森林城市"称号。全国国家森林城市数量达到218个（表15）。

表15　2022年新增森林城市名单

序号	名称	序号	名称	序号	名称
1	北京市石景山区	10	安徽省滁州市	19	重庆市梁平区
2	北京市门头沟区	11	山东省滨州市	20	四川省达州市
3	北京市通州区	12	河南省开封市	21	贵州省六盘水市
4	北京市怀柔区	13	广东省韶关市	22	贵州省铜仁市
5	北京市密云区	14	广东省阳江市	23	贵州省黔南布依族苗族自治州
6	河北省邢台市	15	广东省茂名市	24	陕西省咸阳市
7	河北省邯郸市	16	重庆市涪陵区	25	甘肃省平凉市
8	辽宁省辽阳市	17	重庆市北碚区	26	西藏自治区林芝市
9	江苏省连云港市	18	重庆市大足区		

（二）生态示范基地

推出自然教育导师培训班，认定40个国家青少年自然教育绿色营地并发布名录，北京世园公园、武夷山国家公园等单位入选。浙江省建设省级森林康养基地24个、森林氧吧145个，建设省级生态文化基地40个、自然教育基地10个；江西省认定省级森林康养基地26个；广东省发布第一批10家省级森林康养基地和74家南粤森林人家；广西壮族自治区认定森林旅游系列品牌基地33个；重庆市公布重庆市首批13家森林康养基地；四川省新评定省级森林人家34个、省级森林康养基地12个，新增省级自然教育基地31个；陕西省新建自然教育基地19个。

（三）文化活动

古树名木保护　组织开展全国古树名木保护科普宣传周活动，制作发布

《古树名木·最美中国记忆》宣传片，举办"中国古树名木保护图片展"，协调配合人民网、新华社、《光明日报》《中国青年报》、CCTV13"焦点访谈"栏目、CCTV1"生活提示"栏目等主流媒体开展古树名木保护宣传。

文艺创作 联合中央电视台综合频道制播的品牌栏目《秘境之眼》大屏触达超45亿人次，荣获第28届中国纪录片十佳栏目。播出形象展现几代林区人创业创新精神历程的电视剧《青山不墨》。生动描写人与自然和谐共生画面的电影《等儿的湿地》上映。深度呈现黄河三角洲自然人文之美的专题片《大河之洲》入选《2022年优秀国产纪录片集锦》，"美丽中国相册"《世界屋脊上的生命乐土》入选"非凡十年"经济建设成就新闻图片展，《山水人文交融的"双世遗"》等入选"礼赞新时代 再创新伟业"全国主流新闻媒体摄影展。推出国家公园主题歌曲《最珍贵的你》。举办"我自豪，我是中国林草人"林草故事、"奋进新征程·建功新时代"林草诗歌征集展示和"著名作家看湿地"采风等生态文化活动。

理论创作 聚焦重大理论支撑和林草现实问题开展深层次研究，涌现出一批高质量理论研究成果，为新时代生态文明建设贡献林草案例。《绿水青山 生态文明建设的根基》《基于生物与文化多样性的保护地建设研究》《青藏高原森林和灌丛调查规范》《生态文明教育模式研究》等学术专著系统阐述了林草高质量发展的理论探索与实践做法；《新时期我国林草业的使命及其转型发展战略的思考》《山区县如何发挥森林"碳库"作用》《基于人与自然和谐共生理念的国家公园建设探索》《我国小种群野生动植物保护形成新格局》《构建中国自主的生态文明知识体系》《生态文明教育的系统化路径》等学术论文深入介绍了林草助力生态建设的发展战略和思路举措。

生态文化理论体系研究和系列丛书编撰工作继续深入推进。一是组织内蒙古、青海、甘肃、宁夏、四川、河北、新疆等省（自治区）林业和草原主管部门、省级生态文化协会，11所大学和研究单位，历时6年，共同撰写完成《中国草原生态文化》一书，于2022年12月由人民出版社出版发行。二是组织南京林业大学、北京市园林绿化局、扬州市园林局、北京植物园、中国林业科学研究院等单位共同开展的《中国园林文化》研究编撰工作，历时7年，于2022年2月完成初稿。

（四）传播与传媒

1. 社会媒体宣传

媒体宣传 召开新闻发布会10场，央媒刊播发报道9.5万多条（次）。在《求是》杂志刊发主要负责同志署名文章，新华网开设宣传专栏，联合央广制播《国家公园·两天一夜》触达量近6亿人次，人民日报、新华社、央视高频推出国家公园设立一周年报道。聚焦"双碳"目标、生态保护修复、乡村振兴等国家战略,"双重"规划、推行林长制、集体林权制度改革、野生动植物保护、森林草原防火系列主题,全国"两会"、湿地法实施、国家植物园设立、植树节、世界荒漠化与干旱日等重要节点开展主题宣传。全网报道湿地履约大会(COP14)11万余条,其中,《人民日报》专版16条次,新华社全媒体置顶9篇,央视"新闻联播"等栏目报道300多条次,相关微博话题阅读量超17亿次、千万级18个。新华社新媒体围绕生物多样性日等重要节点形成一批播放量均超百万的"现象级"宣传成果,央广"云听林草"公益广告投放触达量累计6亿人次,与腾讯推出的"云"游、"夏"至国家公园线上宣传点击量超5亿次,字节跳动公司开发的旗舰物种、古树名木保护等科普作品实现千万级融媒矩阵。国家林业和草原局官网、官方微博发布信息超4万条,"林草中国"在八大主流新媒体刊播的林草高质量发展稿件浏览量达4000万次,"全国林草一周要闻"品牌影响力持续攀升,绿色中国网络电视《两会云访谈》《两会小林通》实现全网矩阵式传播,《晓林百科》的"湿地保护法"科普动画依托抖音的开屏海报达到千万级展现量。

舆情应对处置工作 2022年继续稳妥做好舆情监测与处置应对。编发舆情快报280期,组织专家、涉事单位接受采访并及时发布权威信息,妥善处置小象"莫莉"、大熊猫"团团"等热点敏感舆情。强化网络安全,加大信息技术手段监督力度,对国家林业和草原局官网发布系统巡检近500次,拦截非法请求47.5万次,确保网络舆情零事故。结合打击野生动物非法贸易"清风行动"、毁林造地、破坏古树名木等组织媒体曝光一批涉林草典型案件,以舆论监督形成强大警示震慑。

2. 报刊宣传与图书出版

报刊宣传 《中国绿色时报》开设"珍爱湿地 人与自然和谐共生""竹藤之约""森林中国""红色草原"等专题专栏,策划10期国家公园系列海报,推出"推进科学绿化""园林乡土树种"等科学绿化特色栏目。《森林与人类》《国土绿化》出版"中国湿地"特辑。《绿色中国》出版全国两会、湿地履约大会、明月山发展示范带3个专刊。

图书出版 全年围绕生态文明等出版图书653种,其中,新书481种,重印书172种。总印数112.35万册,新书69.05万册,重印书43.3万册。出版规划教材80种,包含2种国家级教材;国家级重点图书9种,出版社重点图书65种,十四五国家重点规划图书6种1系列。

践行习近平生态文明思想典型案例《守护绿水青山——中国林草生态实践》,生态文明建设丛书《林长制体系构建探索》,生态文化系列丛书《中国草原生态文化》,重要数据图书《2021中国林草资源及生态状况》,科普丛书"中国大熊猫相册""林业草原科普读本""湿地中国",草学高等教材《草地灌溉与排水》等出版发行。《中国园林文化》《中国花文化》编写工作进入收官阶段。《中国特有树种森林学概论（Silvics of China）》入选2022年国家出版基金资助项目，《中国盆景文化史（第二版）》入选2022年度经典中国国际出版工程立项项目。《生态文明建设在"五位一体总体布局中的地位和作用"》《林业草原国家公园融合发展》入选习近平生态文明思想研究中心2022年度研究课题、中央宣传部2022年度主题出版重点出版选题。

展览展会论坛 以"走进林草科技 共建美好家园"为主题，举办2022全国林业和草原科技活动周，开展国家公园、国家植物园、双碳行动等主题活动。举办首届全国林草碳汇高峰论坛、2022中国（长沙）国际林草产业博览会、第15届义乌国际森林产品博览会、2022北方（昌邑）绿化苗木博览会等大型展会。举办世界竹藤大会"生态文化引领以竹代塑进程"主题边会，共同探讨生态文化助力以竹代塑的新成果、新理论和新经验。"中国美丽乡村摄影展"亮相2022荷兰阿尔梅勒世界园艺博览会。

（五）生态文明教育

青少年教育 举办"缅怀革命先烈 传承红色基因"生态文化进校园走进江上青小学、全国三亿青少年进森林研学教育、"低碳向未来"主题征文大赛等特色活动。联合中国宋庆龄科技文化交流中心开展自然研学营。召开2022中国自然教育大会，大会主题为"融合·共享 新时代自然教育新启航"。举办"绿桥""绿色长征"等宣传实践活动引导动员更多青少年群体参与生态文明建设。

社会公众教育 连续13年开展大型公益活动"绿色中国行"。举办2022全国林业和草原科普讲解大赛，全国27个省（自治区、直辖市）173名选手参赛，直播观看人数突破10万人次。举办第三届"绿水青山·美丽中国"全国短视频大赛和"镜头中的国家公园""最美湿地"摄影大赛等赛事活动。

K P89-100

政策与措施

- 党中央国务院出台的重要政策文件
- 部门出台的重要政策文件
- 国家林业和草原局出台的政策文件

政策与措施

2022年，国家出台了多项林草政策措施，涉及自然资源资产、国家公园建设、资源保护管理、产业发展、乡村振兴、财政税收等多个方面。

（一）党中央国务院出台的重要政策文件（表16）

表16　2022年党中央国务院出台的重要政策文件

序号	印发时间	文件名称	主要内容和措施
1	2022年3月	中共中央办公厅、国务院办公厅印发《全民所有自然资源资产所有权委托代理机制试点方案》	针对全民所有的土地、矿产、海洋、森林、草原、湿地、水、国家公园等8类自然资源资产（含自然生态空间）开展所有权委托代理试点。一是明确所有权行使模式。二是编制自然资源清单并明确委托人和代理人权责。三是有关部门、省级和市地级政府建立健全所有权管理体系。四是研究探索不同资源种类的委托管理目标和工作重点。五是完善委托代理配套制度
2	2022年5月	中共中央办公厅、国务院办公厅印发《关于推进以县城为重要载体的城镇化建设的意见》	明确了要打造蓝绿生态空间。完善生态绿地系统，依托山水林田湖草等自然基底建设生态绿色廊道，利用周边荒山坡地和污染土地开展国土绿化，建设街心绿地、绿色游憩空间、郊野公园。加强河道、湖泊、滨海地带等湿地生态和水环境修复
3	2022年7月5日	国务院办公厅转发国家发展和改革委员会《关于在重点工程项目中大力实施以工代赈促进当地群众就业增收工作方案的通知》	明确了实施以工代赈的建设领域和重点工程项目范围，其中，生态环境领域主要包括造林绿化、沙化土地治理、退化草原治理、水土流失和石漠化综合治理、河湖和湿地保护修复、森林质量精准提升、水生态修复等。林草部门要会同发展改革部门在国家层面列出适用以工代赈的重点工程项目，形成年度项目清单，指导地方建立本地区适用以工代赈的项目清单，实行动态管理。扩大以工代赈投资规模，劳务报酬占中央投资比例由原规定的15%以上提高到30%以上，并尽可能增加
4	2022年9月9日	国务院办公厅转发财政部、国家林业和草原局（国家公园管理局）《关于推进国家公园建设若干财政政策意见的通知》	明确了财政支持的重点方向，包括生态系统保护修复、国家公园创建和运行管理、国家公园协调发展、保护科研和科普宣教、国际合作和社会参与。要建立财政支持政策体系，合理划分中央与地方财政事权和支出责任，加大财政资金投入和统筹力度，建立健全生态保护补偿制度，落实落细相关税收优惠和政府绿色采购等政策，创新多元化资金筹措机制。实施绩效管理，将绩效评价结果作为资金分配和政策调整的重要依据
5	2022年9月17日	国务院《关于国家公园空间布局方案的批复》	明确原则同意《国家公园空间布局方案》。各省、自治区、直辖市人民政府要积极支持国家公园建设，承担国家公园范围内的经济发展、社会管理、公共服务、防灾减灾、市场监管等职责，完善政策措施。国务院各有关部门在规划编制、政策制定、资金投入、项目建设等方面给予指导支持。国家林业和草原局（国家公园管理局）要会同有关方面做好指导服务、审核评估和监督管理，按程序报批设立国家公园，适时组织评估考核，建立健全督促整改和退出机制，重大情况及时向国务院报告

(续)

序号	印发时间	文件名称	主要内容和措施
6	2022年10月	中共中央办公厅国务院办公厅印发《关于全面加强新形势下森林草原防灭火工作的意见》	系统提出了森林草原防灭火工作的指导思想和工作要求，完善了森林草原防灭火工作的方针，规划了森林草原防灭火工作高质量发展蓝图，提出新形势下森林草原防灭火重大风险挑战的具体措施。从压实责任、体制机制、源头治理、力量建设、基础设施建设、科技防火、应急处置、依法治火、组织保障等方面对新形势下防灭火工作提出了明确要求

（二）部门出台的重要政策文件（表17）

表17　2022年部门出台的重要政策文件

序号	印发时间	文件名称	主要内容和措施
1	2022年1月5日	与国家发展和改革委员会联合印发《"十四五"大小兴安岭林区生态保护与经济转型行动方案》	在完善支持政策方面，明确重点林区按照规定享受国家重点生态功能区转移支付等政策，探索吸引社会资本参与生态保护修复投入机制。支持发展优势特色产业以及创业就业等。鼓励各类金融机构加大对大小兴安岭林区经济转型的支持。扩大社会保障覆盖范围，落实最低生活保障政策，将符合条件的林区职工及其家庭成员纳入当地居民最低生活保障范围。加大林区特殊困难户、残疾人等弱势群体救助力度
2	2022年1月7日	与自然资源部联合印发《关于共同做好森林、草原、湿地调查监测工作的意见》	明确统一森林、草原、湿地调查监测制度，包括工作部署、分类标准、调查底图和成果发布。森林、草原、湿地调查监测每年开展一次，以第三次全国国土调查及上年度国土变更调查形成的林地、草地、湿地地类图斑为工作范围
3	2022年2月24日	6部门联合印发《关于加强中央财政衔接推进乡村振兴补助资金使用管理的指导意见》	突出重点地区，进一步加大对国家乡村振兴重点帮扶县的倾斜力度。突出资金支持重点，优先支持联农带农富农产业发展，支持必要的基础设施补短板。强化项目实施管理，建立健全项目库，衔接资金支持项目原则上从巩固拓展脱贫攻坚成果和乡村振兴项目库选择。林草等行业主管部门组织本行业开展项目库建设，入库项目实施动态管理
4	2022年3月2日	与财政部联合印发《林长制激励措施实施办法(试行)》	对全面推行林长制工作成效明显的地方予以表扬激励。每年遴选原则上不超过8个市（含地、州、盟）或县（含市、区、旗），其中市级数量不超过50%，进行原则上为期一年的激励。中央财政通过林业改革发展资金，对每个受激励市、县予以一次性资金奖励
5	2022年3月11日	5部门联合印发《国家公园等自然保护地建设及野生动植物保护重大工程建设规划(2021—2035年)》	规划明确了指导思想、基本原则、总体布局和规划目标，涵盖了国家公园建设、国家级自然保护区建设、国家级自然公园建设、野生动物保护、野生植物保护、野生动物疫源疫病监测防控、林草外来入侵物种防控
6	2022年4月13日	财政部印发《中央对地方重点生态功能区转移支付办法》	重点生态功能区转移支付列一般性转移支付，转移支付包括重点补助、禁止性开发区补助、引导性补助以及考核评价奖惩资金，转移支付不规定具体用途。明确了转移支持范围，包括重点补助范围、禁止开发补助范围、引导性补助范围

(续)

序号	印发时间	文件名称	主要内容和措施
7	2022年4月26日	14个部门联合印发《生态环境损害赔偿管理规定》	明确了生态环境损害赔偿范围以及不适用本规定的情形，规定了赔偿权利人的工作内容、赔偿义务人需要履行的义务以及工作程序。明确了任务分工、工作程序和保障机制
8	2022年4月27日	国家发展和改革委员会印发《支持宁夏建设黄河流域生态保护和高质量发展先行区实施方案》	明确要构建黄河上游重要生态安全屏障，加快完善生态保护修复体制机制，有效发挥森林、草原水源涵养和固碳作用，推进黄土高原丘陵沟壑区、风沙区水土流失综合治理。深入推进山林权改革。在强化政策支持方面，增强先行区建设各类政策统筹协调力度，加快完善配套政策
9	2022年5月10日	与自然资源部、农业农村部联合印发《关于加强农田防护林建设管理工作的通知》	在风沙等灾害严重的三北地区、黑土地区、黄河故道区等重点区域，为了防灾减灾需要，当现有空间不足时，在符合国土空间规划等有关规划和用途管制的前提下，可通过适当调整土地利用类型和优化用地布局，合理规划建设农田防护林。新建或改造农田防护林，依法依规享受中央财政造林、森林抚育补助；涉及使用农户承包地的，应给予承包农户适当经济补偿
10	2022年5月18日	10部门联合印发《关于进一步加强美国白蛾防控工作的通知》	林业和草原主管部门要加强组织协调，牵头制定工作方案和技术方案，开展疫情监测、检疫监管及疫情除治工作，负责林地、湿地、苗圃等区域防控工作。各级绿化委员会要加强指导监督。要全面落实各级林长责任，把美国白蛾防控工作纳入防灾减灾救灾体系和林长制考核评价体系
11	2022年5月30日	与自然资源部联合印发《关于保障油茶生产用地的通知》	明确保障用地需求，支持利用低效茶园、低效人工商品林地、疏林地、灌木林地等各类适宜的非耕地国土资源改培油茶。油茶、橡胶等各类经济林依据《中华人民共和国森林法》纳入森林覆盖率、森林碳汇调查监测统计范围。扩种、改造油茶不影响林地保有量和森林覆盖率
12	2022年5月30日	与市场监管总局、农业农村部联合印发《关于停止执行＜关于禁止野生动物交易的公告＞的公告》	停止执行市场监管总局、农业农村部、国家林业和草原局《关于禁止野生动物交易的公告》。要求各地各有关部门依据相关法律法规，加强野生动物保护管理，加大打非力度，切实保障人民群众生命健康安全
13	2022年6月6日	4部门联合印发《关于加强长江水生生物保护和渔政执法监管信息化建设的指导意见》	明确了总体目标和5项重点任务，各级农业农村、生态环境、林业和草原等部门要充分利用国家数据共享交换平台等途径，共享信息化监测监控数据，建立数据资源的动态更新研判机制，全面掌握水生生物资源和渔政业务数据使用情况。保障措施方面，加强对长江生物多样性保护投资项目的监管，保障经费投入，建立覆盖全生命周期的水生生物保护管理和渔政执法监管数据安全保障机制
14	2022年6月6日	与国家统计局联合印发《关于开展森林资源价值核算试点工作的通知》	决定在内蒙古、福建、河南、海南、青海5个省（自治区）开展森林资源价值核算试点工作。以第三次全国国土调查结果为底板，依据第九次全国森林资源清查及有关林草生态综合监测数据，对省级以及地市级的森林资源价值量进行核算

(续)

序号	印发时间	文件名称	主要内容和措施
15	2022年6月27日	与自然资源部办公厅联合印发《关于组织开展正式设立的国家公园自然资源确权登记公告登簿工作的通知》	对正式设立的国家公园自然资源登记管辖、登记审核、公告登簿等作出规定
16	2022年7月29日	国家公园管理局、财政部联合印发《国家公园设立指南》	明确了总体要求、主要任务和工作流程
17	2022年7月27日	5部门印发《加强沿海和内河港口航道规划建设进一步规范和强化资源要求保障的通知》	明确要进一步加强内河高等级航道建设资源要素保障，航道工程项目在前期工作中要避让各类自然保护地，确实无法避让的，要征求林草部门意见。林草部门要支持港口规划编制、国家重大水运项目认定和环境影响评价等工作，做好用地等资源要素保障
18	2022年8月16日	与自然资源部、生态环境部联合印发《关于加强生态保护红线管理的通知（试行）》	明确生态保护红线内自然保护地核心保护区外，允许对人工商品林进行抚育采伐，或以提升森林质量、优化栖息地、建设生物防火隔离带等为目的的树种更新，依法开展的竹林采伐经营，依据县级以上国土空间规划和生态保护修复专项规划开展的生态修复。涉及自然保护地的，应征求林业和草原主管部门或自然保护地管理机构意见。鼓励有条件的地方通过租赁、置换、赎买等方式，对人工商品林实行统一管护，并将重要生态区位的人工商品林按规定逐步转为公益林
19	2022年8月24日	财政部印发《中央财政关于推动黄河流域生态保护和高质量发展的财税支持方案》	生态保护方面，支持实施生物多样性保护重大工程，支持加快提升黄河上游水源涵养能力、加强中游水土保持和污染治理、保护修复下游湿地生态。产业方面，稳定黄河流域林产品生产，鼓励沿黄河省（自治区）因地制宜发展林草产业、生态产业等；支持宁夏建设黄河流域生态保护和高质量发展先行区。相关财政资金向工作整体推进成效显著、生态环境突出问题得到有效整改的地区倾斜
20	2022年9月16日	6部门联合印发《关于支持吉林人参产业高质量发展的意见》	支持吉林人参产业高质量发展，要科学改进人参种植模式，加强人参种质资源保护，推进人参纳入保健食品原料目录，扩大人参申请新食品原料的范围，建立高品质人参等级标准，加快推进国家级人参科研平台建设
21	2022年9月19日	5部门联合印发《"十四五"生态环境领域科技创新专项规划》	明确生态保护修复具体目标，支撑重要生态系统和修复重大工程建设，建设3~4个面积大于100平方公里的典型示范区，着力提升生态系统自我修复能力和稳定性，以及生态系统保护与修复5项任务。完善多元投入，通过财政直接投入、税收优惠等多种财政投入方式，引导金融机构、激励企业、鼓励社会多渠道投入，形成稳定的投入新机制
22	2022年10月12日	与应急管理部联合印发《"十四五"全国草原防灭火规划》	实施范围包括河北、山西、内蒙古等14个有草原防灭火任务的省（自治区），共涉及758个县级单位。按县级单位划分为草原火灾高危区、草原火灾高风险区、一般草原火险区3类。确定风险防范、预警监测、预防控制、通信指挥、消防队伍能力五大建设任务

(续)

序号	印发时间	文件名称	主要内容和措施
23	2022年10月13日	与自然资源部联合印发《全国湿地保护规划（2022—2030年）》	明确湿地保护总体要求、空间布局和重点任务
24	2022年10月25日	4部门联合印发《"十四五"乡村绿化美化行动方案》	明确总体要求和9项主要任务。保障措施方面，继续通过中央财政造林补助支持乡村绿化，鼓励地方创新采取以奖代补、先造后补等方式，提高资金使用效率；鼓励社会资本参与乡村绿化美化，对于集中连片开展林草地生态保护修复达到一定规模和预期目标的经营主体，可在符合国土空间规划的前提下，依法办理用地审批和供地手续后，利用不超过3%的修复面积用于生态旅游、森林康养等相关产业开发
25	2022年10月28日	5部门联合印发《关于进一步完善政策措施 巩固退耕还林还草成果的通知》	一是明确暂缓安排新增退耕还林还草任务。二是延长补助期限。2014年开始实施的第二轮退耕还林还草现金补助期满后，中央财政安排资金，继续给予适当补助。退耕还林现金补助期限延长5年，补助标准为每亩500元，每年每亩100元；退耕还草现金补助期限延长3年，补助标准为每亩300元，每年每亩100元
26	2022年11月13日	14部门联合印发《关于推动露营旅游休闲健康有序发展的指导意见》	鼓励城市公园利用空闲地、草坪区或林下空间划定非住宅帐篷区域，供群众休闲活动使用。加强森林草原防灭火等管理。强化防火宣传教育，严格落实森林草原火灾防控要求和野外用火管理规定，森林草原高火险期禁止一切野外用火。经营性营地项目建设应严格遵守生态保护红线。营地在改变土地用途、不影响林木生长、不采伐林木等的前提下可依法依规利用土地资源
27	2022年11月16日	与农业农村部联合印发《关于推进花卉业高质量发展的指导意见》	明确了总体要求和12项主要任务保障。保障措施方面，鼓励花卉主产地健全花卉行业管理机构，制定发展规划，出台扶持政策。支持建立花卉经营合作组织。加大扶持力度，鼓励各地创新建立多元化投入机制，完善财政支持政策，针对重点花卉产业项目给予经费支持，鼓励银行业金融机构开发花卉金融产品，鼓励保险机构开展花卉保险业务
28	2022年11月16日	与自然资源部联合印发《黄河三角洲湿地保护修复规划》	明确总体要求、空间布局和5项重点任务
29	2022年11月23日	4部门联合印发《关于加快新农科建设推进高等农林教育创新发展的意见》	推进农林类紧缺专业人才培养，加快构建多类型农林人才培养体系，着力提升农林生源质量，深入推动课程教学改革，不断强化教材建设和管理，建设高水平实践教学基地，打造高水平师资队伍，强化农科协同育人，加强关键核心技术攻关等。在政策支持力度方面，对高水平农林院校的推荐免试攻读研究生名额安排予以统筹支持。发挥财政投入的引导和激励作用，建立健全农林教育经费保障机制。中央财政进一步完善中央高校预算拨款制度，持续支持农林专业和农林院校发展。农林部门加大项目资金统筹力度，积极支持农林高校发展
30	2022年12月2日	6部门联合印发《重要湿地修复方案编制指南》	适用于国家重要湿地（含国际重要湿地）和省级重要湿地修复方案的编制。明确了修复方案的定位和编制大纲。规范了国家重要湿地（含国际重要湿地）修复方案的批准和验收程序

(续)

序号	印发时间	文件名称	主要内容和措施
31	2022年12月12日	5部门联合印发《互花米草防治专项行动计划（2022—2025年）》	防治重点区域是江苏、浙江、上海、山东、福建、广西等省（自治区、直辖市）。明确了行动目标和6项重点行动。在保障措施上，建立"中央引导、地方为主、政策激励、社会参与"的多元资金投入机制，林业和草原局牵头建立"部际协同、央地合作、区域联动"工作机制，林业和草原部门指导自然保护地和重要湿地互花米草的防治工作，将互花米草防治纳入林长制考核重要内容
32	2022年12月8日	与自然资源部办公厅联合印发《自然资源调查监测成果管理办法（试行）》	自然资源部会同国家林业和草原局等部门，负责全国自然资源调查监测成果的监督管理，制定调查监测成果管理制度并监督实施。县级以上地方自然资源主管部门会同本级林业和草原等主管部门，负责本行政区域内调查监测成果的监督管理。办法规定了自然资源调查监测成果的汇交、保管、发布、共享、利用监督等
33	2022年12月13日	财政部《关于将森林植被恢复费、草原植被恢复费划转税务部门征收的通知》	自2023年1月1日起，将森林植被恢复费、草原植被恢复费划转至税务部门征收
34	2022年12月19日	财政部印发《黄河流域生态保护和高质量发展奖补资金管理办法》	奖补资金是中央财政专门用于支持黄河流域生态保护和高质量发展的补助资金。补助政策实施期限至2025年。奖补资金补助范围为山西、内蒙古、山东、河南、四川、陕西、甘肃、青海、宁夏（省、自治区）。奖补资金由沿黄河省（自治区）"包干"使用，统筹用于区域内生态保护和高质量发展相关支出
35	2022年12月22日	与国家发展和改革委员会、财政部联合印发《加快油茶产业发展三年行动方案（2023—2025年）》	明确建立健全生产用地、财政资金、金融信贷等支持政策体系。一是保障生产用地。利用2100万亩低效茶园、低效人工商品林地、疏林地、灌木林地等各类适宜的非耕地国土资源，保障扩大油茶种植、改造提升低产林任务落地。二是强化资金支持。加大油茶产业发展财税政策支持力度，通过"双重"工程支持油茶产业发展重点项目。三是创新金融服务
36	2022年12月15日	7部门联合印发《全国防沙治沙规划（2021—2030年）》	明确总体思路、总体布局和重点建设区域，提出分类保护沙化土地，推进重点区域沙化土地综合治理，适度发展绿色生态沙产业。保障措施方面，创新政策机制，完善与防沙治沙法配套的法规规章。按照事权和支出责任划分原则，分别列入中央和地方预算，加强资金保障。创新融资机制。创新土地政策，对集中连片开展防沙治沙达到一定规模的经营主体，允许在符合土地管理法律法规和国土空间规划、依法办理建设用地审批手续、坚持节约集约用地的前提下，利用1%~3%的治理面积从事生态旅游、休闲康养、设施农业等产业开发
37	2022年12月27日	17部门联合印发《关于加快推动知识产权服务业高质量发展的意见》	加快知识产权服务与产业整合发展，建立供需对接机制，服务保障农业、林草良种技术攻关，促进植物新品种惠农。优化知识产权代理服务，促进植物新品种等知识产权代理服务健康发展。在强化政策支持方面，支持符合条件的知识产权机构申报高新技术企业、技术先进型服务企业、专精特新中小企业等，落实中小企业相关财税支持政策等

(续)

序号	印发时间	文件名称	主要内容和措施
38	2022年11月30日	4部门联合印发《国家公园空间布局方案》	确定中国国家公园建设的发展目标、空间布局、创建设立、主要任务和实施保障等内容。遴选出49个国家公园候选区（含正式设立的5个国家公园），涉及28个省份，总面积约110万平方公里。明确国家公园创建、设立以及候选区实行动态开放、考核评估、退出机制等，提出强化自然资源资产管理、开展生态保护修复、统筹自然保护与社区发展、加强科技支撑保障、提升监测监管水平、增强科普宣教能力6项建设任务
39	2022年12月30日	与财政部联合印发《林业草原生态保护恢复资金管理办法》	林业草原生态保护恢复资金是指中央预算安排用于国家公园及其他自然保护地、国家重点野生动植物等保护、森林保护修复、生态护林员等方面的共同财政事权转移支持资金。明确资金使用范围、资金分配、预算下达、预算绩效管理、预算执行和监督等方面内容。各地应当安排资金用于公益林的保护、管理和抚育等。本办法印发之日起施行。《林业草原生态保护恢复资金管理办法》（财资环〔2021〕76号）同时废止
40	2022年12月30日	与财政部联合印发《林业草原改革发展资金管理办法》	林业草原改革发展资金是指中央预算安排用于国土绿化、非国有林生态保护补偿、林业草原支撑保障体系、林长制督查考核奖励等方面的共同财政事权转移支付资金。明确资金使用范围、资金分配、预算下达、预算绩效管理、预算执行和监督等方面内容。各地应当安排资金用于公益林的营造和非国有公益林权利人的经济补偿等。本办法自印发之日起施行。《林业改革发展资金管理办法》（财资环〔2021〕39号）、《财政部 国家林草局关于调整林业草原转移支付资金管理办法有关事项的通知》（财资环〔2022〕26号）同时废止

（三）国家林业和草原局出台的政策文件（表18）

表18　国家林业和草原局出台的政策文件

序号	印发时间	文件名称	主要内容和措施
1	2022年1月18日	印发《全国沙产业发展指南》	明确了全国沙产业发展布局，将沙产业发展区域划分为四个区，主要发展沙区节水型种植业、循环用水型沙产品加工业、环境友好型沙区服务业。在支撑保障方面，加大支持扶持力度，充分发挥财政资金的引导作用，研究制定出台沙区基础设施建设中促进市场行为主体经营沙产业的政策。鼓励符合条件的沙产业龙头企业通过债券市场发行融资债券和发行股票上市等形式募集生产经营所需资金。支持中小企业采用联营、合资、股份合作等方式，吸纳社会资本。鼓励沙产业市场行为主体根据国家利用外资政策积极争取利用各类外资贷款和赠款，提升沙产业建设水平
2	2022年1月28日	印发《林草产业发展规划（2021—2025年）》	明确"十四五时期"林草产业发展的指导思想、主要目标和重点领域。明确完善投入机制，中央财政资金支持木本油料营造、林木良种培育和油料产业发展。中央预算内投资支持山水林田湖草沙一体化保护和系统治理。完善金融服务机制。鼓励社会资金规范有序设立林草产业投资基金

(续)

序号	印发时间	文件名称	主要内容和措施
3	2022年2月28日	印发《林长制督查考核办法(试行)》	对各省(自治区、直辖市)和新疆生产建设兵团的林长制督查考核由国家林业和草原局组织实施。年度督查考核每年开展一次,包括7项重点工作任务落实情况。规划期考核每5年开展一次,包括5项约束性指标。考核结果上报中共中央、国务院,并报送中共中央组织部,将其纳入地方党委政府领导班子和有关领导干部政绩综合考核评价和自然资源资产离任审计的重要依据
4	2022年3月24日	印发《国家林草局森林草原防火约谈暂行办法》	明确由国家林业和草原局进行约谈的6种情形、约谈对象、约谈方式、约谈程序等。被约谈方无故不参加约谈,或者约谈事项的整改措施未落实或者落实不到位的,视情采取函告、通报、专项督查等措施进行督导,必要时向有关部门建议按照有关法律法规追究被约谈单位及相关人员责任
5	2022年3月29日	印发《关于加强引进林草种子、苗木检疫审批与监管工作的通知》	规范许可程序,加强隔离试种,深化"放管服"改革,普及型国外引种试种苗圃资格证书有效期由3年调整为5年,苗圃地使用权期限不少于5年,且不得占用耕地,明确引种单位和审批机构的责任
6	2022年4月28日	印发《关于加强国内进口松木流通环节检疫监管工作的通知》	加强国内进口松木流通环节的检疫监管,加大检疫执法力度。各级林业和草原主管部门要配合公安机关做好案件侦办工作
7	2022年5月12日	印发《关于进一步加强森林草原防火物资储备管理工作的通知》	建立健全国家、省、市、县、乡、村六级森林草原防火物资储备体系,严格落实防火物资储备责任,系统优化森林草原防火物资储备品种结构,科学构建森林草原防火物资储备管理机制,强化森林草原防火物资储备安全管理
8	2022年6月1日	印发《国家公园管理暂行办法》	明确国家林业和草原局(国家公园管理局)和国家公园管理机构的职责,提出建立国家公园管理局省联席会议机制和日常工作协作机制,以及国家公园咨询机制。国家公园划为核心保护区和一般控制区,实行分区管控。核心区原则上禁止人为活动,一般控制区禁止开发性、生产性建设活动。国家公园管理机构可以按照所在地省级人民政府授权履行自然资源、林业草原等领域相关执法职责
9	2022年6月1日	印发《濒危野生植物扩繁和迁地保护研究中心建设实施方案》	明确总体要求、建设方案、管理实施、申报和批复程序等
10	2022年7月25日	印发《关于进一步加强全国防沙治沙综合示范区建设的通知》	明确了示范区创建基本条件、遴选申报、科学编制方案。组织储备实施示范区项目。保障措施上,在安排林草重点工程、项目资金时,重点向示范区倾斜,各示范区要率先落实好防沙治沙目标责任考核制度;支持并指导示范区开展政策机制创新,符合条件的荒漠植被和沙化土地优先划入沙化土地封禁保护范围,优先建立以政府购买服务为主的管护机制,探索以奖代补、先建后补、贷款贴息等多元化资金使用方式

(续)

序号	印发时间	文件名称	主要内容和措施
11	2022年9月5日	印发《关于进一步加强林草系统森林草原专业消防队伍建设的意见》	加强队伍建设方面，对建队要求、建队规模、基础设施建设和装备配备、制度和内业建设、业务培训等作出规定。落实职责任务方面，对宣传教育、防火巡护、值班考勤、靠前驻防、火情早期处理等作出规定。保障机制上，将专业队伍建设情况纳入林长制考核，各地可采用公益岗位聘用制或购买服务相结合，实行"定编定岗不定人"的动态管理，完善队员权益保障，提升职业荣誉
12	2022年9月9日	全国绿化委员会印发《全国国土绿化规划纲要（2022—2030年）》	明确了主要目标、空间布局和主要任务。在完善政策机制方面，各级政府要合理安排资金，将国土绿化列入预算，推行以奖代补，强化产权激励。健全森林草原保险制度，完善金融支持政策，开发国土绿化相关绿色金融产品等
13	2022年9月20日	印发《松材线虫病防治技术方案（2022年版）》	规定了松材线虫病疫情监测普查、疫情防控、防治成效检查、档案管理等
14	2022年10月14日	印发《国土绿化项目作业设计管理规定（试行）》	明确中央投资或以中央投资为主的国土绿化项目适用本规定。规定了国土绿化项目作业设计、编制、审批、检查验收等。建立国土绿化项目作业设计合理性评价制度，县级林草主管部门应对本县域范围内开展的国土绿化项目作业设计进行合理性评价。涉及林地、草地以外的国土绿化用地安排，干旱半干旱地区国土绿化生态用水需求等内容，应当征求县级自然资源部门和水利部门意见
15	2022年10月14日	印发《未成林地自然灾害受损核定办法》	明确了受损核定标准、受损核查、受损核定的相关要求
16	2022年10月28日	印发《关于规范国家重点保护野生植物采集管理的通知》	采集（含采伐、采挖、移植）国家重点保护野生植物，必须持有《国家重点保护野生植物采集证》。采集后的国家一级保护野生植物，不能用于商业性贸易。采集城市园林或自然保护地内的国家一级或者二级保护野生植物的，须先征得城市园林或自然保护地管理机构同意。采集国家重点保护野生树木还必须依法办理林木采伐许可证
17	2022年12月30日	印发《国家湿地公园管理办法》	明确设立国家湿地公园的条件。国家湿地公园的湿地面积原则上不低于100公顷，湿地率不低于30%。国家湿地公园范围与自然保护区、森林公园不得重叠或者交叉。明确国家湿地公园禁止行为的情形
18	2022年12月30日	印发《林业和草原新型标准体系》	林业和草原新型标准体系包括生态建设类、产业发展类、社会服务类、其他综合类，共31个领域，实现履行职能和业务全覆盖
19	2022年12月30日	印发《国家沙漠公园管理办法》	明确申报国家沙漠公园基本条件。以县域为单位组织建设，采取"准入—退出"机制。实行功能分区管理。在国家沙漠公园内禁止开展房地产等建设项目，禁止直接排放或者堆放未经处理或者超标准的生活污水、废水、废渣及其他污染物，禁止其他破坏或者有损荒漠生态系统功能的活动

专栏 12 《全国湿地保护规划（2022—2030 年）》解读

为贯彻落实习近平总书记关于湿地保护的重要指示批示精神，全面贯彻实施《中华人民共和国湿地保护法》，根据《全国重要生态系统保护和修复重大工程总体规划（2021—2035 年）》及其专项规划，2022 年 10 月，国家林业和草原局联合自然资源部印发了《全国湿地保护规划（2022—2030 年）》（以下简称"规划"）。

《规划》明确了我国湿地保护的总体要求、空间布局和重点任务，提出到 2025 年，全国湿地保有量总体稳定，湿地保护率达到 55%，科学修复退化湿地，红树林规模增加、质量提升，健全湿地保护法规制度体系，提升湿地监测监管能力水平，提高湿地生态系统质量和稳定性。新增国际重要湿地 20 处、国家重要湿地 50 处。到 2030 年，湿地保护高质量发展新格局初步建立，湿地生态系统功能和生物多样性明显改善，湿地生态系统综合服务功能增强、固碳能力得到提高，湿地保护法治化水平持续提升，使我国成为全球湿地保护修复的重要参与者、贡献者和引领者。

《规划》以"三区四带"为总体布局，提出实行湿地面积总量管控、落实湿地分级管理体系、实施保护修复工程、强化湿地资源监测监管、加强科技支撑、深度参与湿地保护国际事务 6 项重点任务。重点任务包括研究制定湿地面积总量管控划定规则、研究出台国家重要湿地相关政策、在 30 个重点区域实施湿地保护修复项目、开展全国湿地资源专项调查、完善湿地标准体系等 16 项具体任务。

专栏 13 《全国防沙治沙规划（2021—2030 年）》解读

为贯彻落实党中央、国务院决策部署，高质量谋划"十四五"和中长期全国防沙治沙工作，根据《中华人民共和国防沙治沙法》相关规定，2022 年 12 月，国家林业和草原局联合自然资源部等 6 部门印发了《全国防沙治沙规划（2021—2030 年）》（以下简称"规划"）。

《规划》全面总结了党的十八大以来防沙治沙成效经验，科学研判防沙治沙形式，提出了总体思路、基本原则、总体布局、目标任务、保障措施等。"十四五"今后一段时期，防沙治沙承载着筑牢北方重要生态屏障、统筹推进山水林田湖草沙一体化保护和系统治理、巩固拓展等新使命、新任务。

《规划》在总体布局上,通过贯彻落实主体功能区战略,立足国家生态安全格局,与国土空间规划和"双重"规划相衔接,统筹考虑沙化土地空间分布、治理方向的相似性及地域上相对集中连片等因素,将我国沙化土地划分为 5 大类型区 23 个防治区域。按照区域防治与重点防治相结合的要求,本规划范围涉及 30 个省 920 个县,其中,沙化重点县 312 个,一般县 608 个,涵盖全部沙化土地。《规划》提出,到 2025 年,完成沙化土地治理任务 1.02 亿亩,沙化土地封禁保护 3000 万亩;到 2030 年,完成沙化土地治理任务 1.86 亿亩,沙化土地封禁保护面积 9000 万亩。

L
法治建设

P101-105

- 立法
- 执法与监督
- 行政审批改革
- 普法

法治建设

2022年，继续推进林草法治建设，为林草重要决策提供有力保障。

（一）立法

1. 立法计划制定与报送情况

一是制定《国家林业和草原局2022年立法工作计划》并监督实施。二是组织报送纳入《自然资源部2022年度立法工作计划》《国务院2022年度立法工作计划》以及《全国人大常委会2022年度立法工作计划》的立法项目。

2. 法律制定与修改

完成《国家公园法（草案）》起草工作 深入贯彻落实习近平总书记在考察调研海南热带雨林国家公园时的重要指示批示，多次召开局党组会、专题会就国家公园法进行研究，不断完善《国家公园法（草案）》。在前期征求国家公园管理机构和中央国家机关意见的基础上，草案于7月征求了社会意见，9月初进行了专家论证，9月底报送至自然资源部，并于11月底经自然资源部报送国务院。

野生动物保护法修订 按照全国人民代表大会的工作安排，参加全国人民代表大会常务委员会法制工作委员会、宪法和法律委员会组织召开的野生动物保护法座谈会、立法评估会等专题会议，就草案审议时机及修改方案、主要热点问题、法律出台影响进行研究并提出建议，及时向全国人民代表大会有关专门委员会反映野生动物管理实际情况和工作诉求，做好第二次、第三次审议相关工作。2022年12月30日，全国人民代表大会常务委员会第三十八次会议审议通过了修订后的《中华人民共和国野生动物保护法》

森林法实施条例修订 结合重点林区、森林经营等有关改革工作进展，形成《中华人民共和国森林法实施条例（修订草案）》。修订草案于7月征求了社会意见，8月进行了专家论证。

3. 部门规章的制定与废止

完成《林业草原行政处罚程序规定（草案）》征求社会公众意见程序，并结合赴北京市实地调研成果，进一步予以修改完善。按照立法工作程序，1月初向自然资源部报送了拟废止的7件部门规章。自然资源部于10月发布《自然资源部关于第四批废止部门规章的决定》（自然资源部令第9号），将废止的规章正式对社会公布。

4. 其他林草立法工作

配合全国人民代表大会、司法部做好《中华人民共和国青藏高原生态保护法》《中华人民共和国黄河保护法》《中华人民共和国海洋环境保护法》《中华人民共和国黑土地保护法》《中华人民共和国畜牧法》《中华人民共和国农村集体经济组织法》《中华人民共和国渔业法》《中华人民共和国耕地保护法》《中华人民共和国生态环境监测条例》《中华人民共和国植物新品种保护条例》等法律法规的制修订工作。

配合全国人民代表大会常务委员会有关专门委员会编写《中华人民共和国湿地保护法》释义和《中华人民共和国种子法》释义、导读等，组织提供了《中华人民共和国长江保护法》《中华人民共和国种子法》实施情况的有关材料。

积极向最高法研究室反映林草执法工作现状和制度需求，报送《关于办理破坏野生动物资源刑事案件适用法律若干问题的解释》《关于办理破坏森林资源刑事案件适用法律若干问题的解释》《关于审理破坏林地资源刑事案件适用法律若干问题的解释》相关司法解释修改意见和条文建议。

（二）执法与监督

1. 林草行政案件查处

全年全国共发生林草行政案件9.95万起，查结9.40万起，查处率94%。通过案件查处，全国共恢复林地0.82万公顷，自然保护地或栖息地面积5.86公顷，没收木材0.58万立方米、种子0.07万公斤、幼树或苗木33.33万株，没收野生动物0.56万只、野生植物1.17万株，案件处罚总金额20.31亿元，行政处罚人数9.49万人次，责令补种树木663.51万株。

2. 规范性文件管理

印发2022年规范性文件制定计划。实时根据文件制定、修改或者废止情况更新国家林业和草原局规范性文件库，并定期向主办单位发送规范性文件到期提醒函。截至2022年，国家林业和草原局现行有效规范性文件共计151件。

3. 执法检查工作

按照国务院办公厅、全国人民代表大会环境与资源保护委员会等要求，及时总结上报重点法律贯彻落实情况，配合做好长江保护法等执法检查相关工作，协助起草执法检查报告林草部分。

4. 行政复议和应诉工作情况

全年共办理行政复议案件22件，不予受理5件，受理17件。共办理行政诉讼案件12起，其中，一审6起、二审3起、再审3起。

（三）行政审批改革

1. 加大简政放权力度

将重点国有林区使用林地和林木采伐两项许可委托省级林草部门实施，开展野生动植物进出口许可和允许进口证明书一次性申请试点，扩大授权各专员办核发野生植物类允许进出口证明书范围。

2. 开展委托许可事项在线监管

在国务院各部门中首次开展委托行政许可网上办理和在线监管，实现建设项目使用林地审核等6项许可事项的网上办理、数据共享和在线监管，并制定了行政许可委托监督办法。

3. 行政许可事项清单管理

发布林草行业行政许可事项清单，制定印发行政许可事项及事中事后监管措施，编制完成行政许可实施规范。

4. 优化政务服务

将行政审批平台迁移到政务外网，并与国家政务服务平台实现数据资源共享，与部分地方数据平台有效对接。发布4项电子证照标准，延长部分资格证书有效期。

（四）普法

1. 完成"七五"普法总结和"八五"普法部署

在总结评比林草系统"七五"普法工作的基础上，通报表扬85个表现突出的单位和129名表现突出的个人。按照全国法治宣传教育"八五"规划要求，制发《全国林草系统法治宣传教育第八个五年规划》，并指导省级林草部门做好宣传、发动和组织工作。

2. 有序组织开展各类普法活动

利用国家安全教育日、宪法宣传周等重要节点，在局内开展专项答题、书籍发放、播放宣传片等系列普法活动，并按要求向全国普法办报送活动情况。组织谋划"绿色大讲堂"活动，邀请中国社会科学院法学研究所所长莫纪宏就"习近平法治思想的时代性"开展专题讲座。在林草系统开展优秀法治动漫微视频征集评选，推荐其中8件作品参加全国评比。

专栏 14 《中华人民共和国野生动物保护法》修订情况

2022年12月30日，第十三届全国人民代表大会常务委员会第三十八次会议修订通过《中华人民共和国野生动物保护法》，并于2023年5月1日起正式施行。

此次野生动物保护法修改，贯彻习近平生态文明思想和党的二十大精神，加强对重要生态系统保护和修复，坚持保护优先、规范利用、严格监管的原则，积极回应社会关切，进一步完善野生动物保护和管理制度，加大对违法行为的处罚力度，做好与生物安全法、动物防疫法、畜牧法等相关法律的衔接，秉持生态文明理念，推动绿色发展，促进人与自然和谐共生。

（一）加强对野生动物栖息地的保护 明确依法将野生动物重要栖息地划入国家公园、自然保护区等自然保护地进行严格保护。将有重要生态、科学、社会价值的陆生野生动物纳入应急救助范围，加强野生动物收容救护能力建设，建立收容救护场所，配备相应的专业技术人员、救护工具、设备和药品。

（二）细化野生动物种群调控措施 对于野猪等野生动物泛滥成灾，危害群众人身财产安全和农牧生产的情况作出规定：一是县级以上人民政府野生动物保护主管部门根据野生动物及其栖息地调查、监测和评估情况，对种群数量明显超过环境容量的物种，可以采取迁地保护、猎捕等种群调控措施，对种群调控猎捕的野生动物按照国家有关规定进行处理和综合利用；同时，明确根据实际情况和需要建设隔离防护设施、设置安全警示标志等，预防野生动物可能造成的危害。二是将中央财政对致害防控的补助范围由国家重点保护野生动物扩大到其他致害严重的陆生野生动物。三是在野生动物危及人身安全的紧急情况下，采取措施而造成野生动物损害的，依法不承担法律责任。

（三）加强外来物种防控 从境外引进的野生动物物种不得违法放生、丢弃，确需将其放生至野外环境的，应当遵守有关法律法规的规定；发现来自境外的野生动物对生态系统造成危害的，县级以上人民政府野生动物保护等有关部门应当采取相应的安全控制措施。同时，规范野生动物放生活动，要求国务院野生动物保护主管部门会同国务院有关部门加强对放生野生动物活动的规范、引导。

（四）做好与全国人民代表大会常务委员会有关决定的衔接 修订衔接《全国人民代表大会常务委员会关于全面禁止非法野生动物交易、革除滥食野生动物陋习、切实保障人民群众生命健康安全的决定》，明确禁止食用国家重点保护野生动物和国家保护的有重要生态、科学、社会价值的陆生野生动物以及其他陆生野生动物，禁止以食用为目的猎捕、交易、运输在野外环境自然生长繁殖的陆生野生动物；同时加大对相关违法行为的处罚力度。社会公众应当抵制违法食用野生动物的行为，养成文明健康的生活方式。

（五）完善人工繁育野生动物管理制度 修订明确了人工繁育野生动物实行分级分类管理，在对人工繁育国家重点保护野生动物实行许可基础上，进一步规定对人工繁育有重要生态、科学、社会价值的陆生野生动物实行备案制度。将人工繁育技术成熟稳定的国家重点保护野生动物管理制度扩展到有重要生态、科学、社会价值的陆生野生动物，根据有关野外种群保护情况，对不依赖于野外资源、技术成熟稳定、有一定养殖规模的人工种群可以不再列入《有重要生态、科学、社会价值的陆生野生动物名录》，实行与野外种群不同的管理措施，但应当依法实行备案和专用标识管理。这些人工种群的一部分可以依照畜牧法规定列入畜禽遗传资源目录，按照家畜家禽管理；另一部分可不作为野生动物进行管理，适当放开其人工种群及其制品用于满足市场多元化需求，促进相关产业发展。

M
P107-117
重点流域和区域林草发展

- 国家发展战略下的重点流域和区域林草发展
- 传统区划下的林草发展
- 东北、内蒙古重点国有林区林业发展

重点流域和区域林草发展

我国重点流域和区域林草业整体发展呈上升趋势，各项工作扎实持续推进，流域和区域林草高质量发展卓有成效。

（一）国家发展战略下的重点流域和区域林草发展

1. 长江经济带林草发展

长江经济带覆盖上海、江苏、浙江、安徽、江西、湖北、湖南、重庆、四川、贵州、云南等11个省（直辖市）。该区域面积约205.23万平方千米，占全国的21.38%；2022年共有常住人口6.08亿人，占全国的43.12%；地区生产总值为55.98万亿元，占全国的46.51%；人均地区生产总值达5.51万元[③]。长江经济带林草发展状况如表19所示。

表19 2022年长江经济带林草发展状况

指标	数值	占全国的比重（%）
造林面积（万公顷）	145.67	34.66
种草改良面积（万公顷）	29.49	9.18
林草产业总产值（亿元）	46982.50	51.79
经济林产品产量（万吨）	8586.78	38.29
木材产量（万立方米）	4064.30	33.33

长江流域生态系统独特，是我国重要的生态安全屏障，是全球生物多样性最富集的区域之一。长江流域湿地类型多样、面积广大，是很多候鸟的越冬地、繁殖地和停歇地。长江流域涉及的19个省（自治区、直辖市）共有国际重要湿地40处、国家重要湿地16处、国家湿地公园552处、省级重要湿地653处。制定《国家林业和草原局关于印发〈2022年推动长江经济带发展工作要点〉和〈2021年长江经济带生态环境问题清单〉林草分工方案的通知》。

世界银行、欧洲投资银行联合融资"长江经济带珍稀树种保护与发展项目"实施进展顺利。截至2022年，项目累计完成营造林14.65万公顷，提取世界银行贷款10709.84万欧元，欧洲投资银行贷款8263.29万欧元。全球环境基金赠

[③] 本章中国国土面积按960万平方千米进行计算；区域基本情况有关数据主要来自推动长江经济带发展网（https://cjjjd.ndrc.gov.cn/zoujinchangjiang/zhanlue/）及各省（直辖市）2022年国民经济和社会发展统计公报。

款"长江经济带生物多样性就地保护项目"获批，全球环境基金（GEF）秘书处批准中国国家林业和草原局国际合作交流中心与世界自然保护联盟（IUCN）共同申报的"加强长江经济带生物多样性就地保护"子项目，核准全球环境基金赠款约330万美元。

长三角一体化林长制改革示范区建设高端论坛暨沪苏浙皖共建长三角一体化林长制改革示范区第一次联席会议在合肥召开，发布2022年度长三角地区林长制改革十大案例，全面丰富了林长制改革的基层实践。

2. 黄河流域林草发展

黄河流域覆盖青海、四川、甘肃、宁夏、内蒙古、陕西、山西、河南、山东9个省（自治区）。该流域9个省（自治区）行政面积达356.76万平方千米，占全国的37.16%；2022年共有常住人口4.21亿人，占全国的29.86%；地区生产总值为30.70万亿元，占全国25.51%；人均地区生产总值为7.29万元。黄河流域林草发展状况如表20所示。

表20 2022年黄河流域林草发展状况

指标	数值	占全国的比重（%）
造林面积（万公顷）	180.74	43.00
种草改良面积（万公顷）	223.26	69.46
林草产业总产值（亿元）	16985.51	18.72
经济林产品产量（万吨）	8074.02	36.00
木材产量（万立方米）	1079.97	8.86

国家林业和草原局联合自然资源部印发《黄河三角洲湿地保护修复规划》。配合国家发展和改革委员会印发《支持宁夏建设黄河流域生态保护和高质量发展先行区实施方案》。

积极推进欧洲投资银行"黄河流域沙化土地可持续治理项目"筹备工作。完成黄河流域国家级自然保护区管理成效评估，并正式对外发布。

3. 京津冀区域林草发展

京津冀地区包括北京市、天津市以及河北省3个省（直辖市）。该区域面积达21.83万平方千米，占全国总面积的2.27%；截至2022年，共有常住人口1.10亿人，占全国总人口的7.80%；实现地区生产总值10.03万亿元，占全国8.33%；人均地区生产总值9.12万元。京津冀区域林草发展状况如表21所示。

表21　2022年京津冀区域林草发展状况

指标	数值	占全国的比重（%）
造林面积（万公顷）	20.26	4.82
种草改良面积（万公顷）	2.66	0.83
林草产业总产值（亿元）	1664.75	1.84
经济林产品产量（万吨）	1084.29	4.84
木材产量（万立方米）	137.12	1.12

实施京津冀生态联防联控，三地生态环境部门联合召开京津冀生态环境联建联防联治工作协调小组第一次会议，联合签署《"十四五"时期京津冀生态环境联建联防联治合作框架协议》，审议通过《京津冀生态环境联建联防联治2022年工作要点》。三地联合开展"5.25"林业植物检疫检查和林业有害生物防灾减灾宣传活动，北京支援雄安新区飞防42架次，持续加强河北毗邻北京周边区域林业有害生物、森林防火防控物资基础建设。京津冀晋林草资源动态监督系统建成运行，注册开通三级用户近千人，推送林草湿疑似变化图斑近万个，启动下发图斑信息反馈举证工作。扎实开展美国白蛾防控攻坚，推动印发《关于进一步加强美国白蛾防控工作的通知》，制定以京津冀为主体的联防联控机制工作方案，建立部门间协调联动、区域间联防联控机制。京津冀森林防火、林业有害生物防治、野生动物疫源疫病监测等区域联防机制进一步完善，生态协同治理成效不断巩固。

4."一带一路"区域林草发展

"一带一路"是"丝绸之路经济带"和"21世纪海上丝绸之路"的简称，共计18个省（自治区、直辖市）。其中，"丝绸之路经济带"包括新疆、重庆、陕西、甘肃、宁夏、青海、内蒙古、黑龙江、吉林、辽宁、广西、云南、西藏13个省（自治区、直辖市），"21世纪海上丝绸之路"包括上海、福建、广东、浙江、海南5个省（直辖市）。该区域18个省（自治区、直辖市）行政区划面积合计达748.18万平方千米，占全国的77.94%；2022年，区域共有常住人口6.26亿人，占全国的44.38%；区域生产总值合计54.94万亿元，占全国的45.65%；人均地区生产总值为8.78万元。"一带一路"区域林草发展状况如表22所示。

表22　2022年"一带一路"区域林草发展状况

指标	数值	占全国的比重（%）
造林面积（万公顷）	238.55	56.76
种草改良面积（万公顷）	292.36	90.96
林草产业总产值（亿元）	44159.87	48.68
经济林产品产量（万吨）	11809.64	52.66
木材产量（万立方米）	8424.94	69.10

林产品贸易规模持续增长。截至2022年，我国与"一带一路"沿线国家的林产品贸易总额为772.61亿美元，同比增长6.93%；其中，进口额为431.58亿美元，同比增长0.45%；出口额为341.03亿美元，同比增长16.43%。

国际交流与合作持续推进。国家林业和草原局同意筹建"一带一路"热带干旱经济林国家创新联盟，由中南林业科技大学牵头成立"'一带一路'热带干旱经济林国际联合研究中心"。"第二届中巴热带干旱经济林科技交流会议暨高效水土保持植物学术交流会"于11月27日在湖南长沙和巴基斯坦瓜达尔自由区同时开幕，巴基斯坦驻华大使馆莫因哈克大使到会祝贺。商务部主办、国家林业和草原局承办线上"一带一路"国家履行《联合国防治荒漠化公约》及沙尘暴防治高级官员研修班。申请成立ISO/TC荒漠化防治标准化委员会，推动"一带一路"沿线国家标准互认和国际标准制定。全面提升林草贸易投资自由化便利化，支持研究机构开展共建"一带一路"林产品贸易合作研究，为政府决策提供科学依据。

合作开展生态保护与综合治理示范项目。亚洲开发银行贷款"丝绸之路沿线地区生态治理与保护项目"获得亚洲开发银行执行董事会批复，亚洲开发银行执行董事会批准贷款1.97亿美元，贷款期限为25年并正式签署了丝绸之路沿线地区生态治理与保护项目贷款协定。启动实施亚洲合作资金澜沧江—湄公河流域湿地可持续管理国际合作项目。加强中俄托木斯克木材工贸合作区等境外木材加工园区建设，提高企业风险抵御能力，深挖"一带一路"沿线重点国家森林资源可持续利用合作潜力，优化木材贸易、投资和全球森林资源配置布局，稳定木材产业链和供应链。

（二）传统区划下的林草发展
1. 东部地区林草发展

东部地区包括北京、天津、河北、山东、上海、江苏、浙江、福建、广东、海南10个省（直辖市）。东部地区林草发展状况如表23所示。该区林业产业居于全国领先地位，林草旅游业及木竹产品加工业蓬勃发展。

表23　2022年东部地区林草发展状况

指标	数值	占全国的比重（%）
造林面积（万公顷）	53.20	12.66
种草改良面积（万公顷）	2.66	0.83
林草产业总产值（亿元）	35583.44	39.22
经济林产品产量（万吨）	5795.51	25.84
木材产量（万立方米）	3329.04	27.30

该地区林草投资完成额中，国家投资完成509.03亿元，占该地区投资完成额的83.98%；用于造林和森林经营的投资达到292.02亿元，占该地区林草投资完成额的48.18%；用于草原、湿地的保护修复及荒漠化治理的投资达到23.87亿元，占该地区林草投资完成额的3.94%。

该地区为全国林草产业产值最高的区域，达到35583.74亿元，比2021年增加了1.66%，占全国的39.46%。

该地区锯材、人造板及木竹地板产量均居全国首位。2022年，锯材产量为1988.57万立方米，占全国的34.89%；人造板产量为16230.81万立方米，占全国的53.91%；木竹地板产量为50965.87万平方米，占全国的78.34%。江苏省木竹地板产量居全国首位，达45457.14万立方米。

该区的林业在岗职工收入水平较高，年平均工资为12.05万元，是全国林业在岗职工平均水平的1.47倍。

2. 中部地区林草发展

中部地区包括山西、安徽、江西、河南、湖北、湖南6个省。中部地区的林草发展状况如表24所示。该区林业产业产值持续增长，油茶的生产、加工和种苗产业实力较强。

表24　2022年中部地区林草发展状况

指标	数值	占全国的比重（%）
造林面积（万公顷）	124.88	29.71
种草改良面积（万公顷）	5.18	1.61
林草产业总产值（亿元）	24814.24	27.35
经济林产品产量（万吨）	5031.47	22.44
木材产量（万立方米）	1965.69	16.12

该地区林草投资完成额中，国家投资完成426.80亿元，占该地区投资完成

额的67.19%；用于造林和森林经营的投资达到306.44亿元，占该地区林草投资完成额的48.24%；用于草原、湿地的保护修复及荒漠化治理的投资达到34.26亿元，占该地区林草投资完成额的5.39%。

该区共完成造林面积124.88万公顷，占全国造林总面积的29.71%。山西省造林面积居全国第二，为36.20万公顷。该区的林草产业总值为24814.24万亿元，占全国27.35%。经济林产品产量为5031.47万吨，占全国的22.44%。

3. 西部地区林草发展

西部地区包括内蒙古、广西、重庆、四川、贵州、云南、西藏、陕西、甘肃、青海、宁夏、新疆12个省（自治区、直辖市）。西部地区林草发展状况如表25所示。该区生态建设和生态修复任务艰巨，区内经济林产品和林产化工产品生产实力雄厚，木竹生产和加工产业欣欣向荣。

表25 2022年西部地区林草发展状况

指标	数值	占全国的比重（%）
造林面积（万公顷）	213.48	50.79
种草改良面积（万公顷）	305.96	95.19
林草产业总产值（亿元）	27165.77	29.95
经济林产品产量（万吨）	10953.15	48.84
木材产量（万立方米）	6258.17	51.33

该地区林草产业总产值27165.77亿元，占全国的29.95%。区内广西壮族自治区林草产业总产值为全国最高，达8988.72亿元。

该地区共完成造林面积213.48万公顷，占全国造林总面积的50.79%；陕西省造林面积居全国首位，面积达38.20万公顷；人工种草面积44.69万公顷，占全国的92.79%；草原改良面积67.03万公顷，占全国的92.80%；围栏封育面积194.24万公顷，占全国的96.63%。林业有害生物发生面积为593.58万公顷，占全国的50.00%；防治面积为448.72万公顷，占全国的46.74%；防治率为75.60%。

该地区林草投资完成额全国最高，达到2019.76亿元，占全国的55.16%，其中，35.21%用于造林和森林经营，5.40%用于草原、湿地的保护修复及荒漠化治理。

该区经济林产品总量达10953.15万吨，占全国的48.84%。其中，水果、干果产量均居全国首位，分别为8348.99万吨和653.33万吨，各占全国的47.31%和51.01%；林产饮料产品、林产调料产品、森林药材、木本油料和林业工业原料均发展较好，分别占全国的47.78%、88.68%、60.95%、60.92%和75.06%。广西壮族自治区的经济林产品总量排名全国第一，为2482.11万吨。

该地区木材产量为6258.17万立方米，占全国的51.33%。广西壮族自治区是全国重要的木材战略储备生产基地，2022年，木材产量为3968.75万立方米，比2021年提高1.64%，占全国木材总产量的32.55%，名列全国第一；同时，该区锯材和人造板产量均居全国第一，分别为1022.74万立方米和6585.55万立方米。

该地区共生产松香类产品40.24万吨，占全国的59.87%；生产橡胶66.20万吨，占全国的67.58%；区内云南省是2022年全国唯一生产紫胶的省份，产量达到1940吨。

4. 东北地区林草发展

东北地区包括辽宁、吉林、黑龙江（包含大兴安岭地区）3个省。东北地区林业发展状况如表26所示。该区是当前国有林业改革的重点区域，林业产业处于缓慢转型的过程之中。

表26　2022年东北地区林草发展状况

指标	数值	占全国的比重（%）
造林面积（万公顷）	28.72	6.83
种草改良面积（万公顷）	7.61	2.37
林草产业总产值（亿元）	3154.97	3.48
经济林产品产量（万吨）	645.32	2.88
木材产量（万立方米）	639.74	5.25

该地区林草投资完成额中，国家投资完成303.63亿元，占该地区投资完成额的88.02%；用于造林和森林经营的投资完成额达到62.91亿元，占该地区林草投资完成额的18.24%；用于林草防火的投资达到9.04亿元，占该地区林草投资完成额的2.62%。

该地区林草产业产值为3154.97亿元，占全国的3.48%。主要木材产品产量为639.74万立方米，占全国的5.25%，比2021年提高了15.89%。

该地区林业和草原系统内共有2164个单位。林草系统从业人员和在岗职工人数为各区最多，分别为28.05万人和27.35万人，分别占全国的35.39%和37.27%，同2021年相比各下降了11.29%和12.26%。在岗职工年平均工资为5.64万元，相比2021年有所上涨，增长15.81%。

（三）东北、内蒙古重点国有林区林业发展

东北、内蒙古重点国有林区是指地处吉林省、黑龙江省和内蒙古自治区的吉林森工集团、长白山森工集团、龙江森工集团、大兴安岭林业集团、伊春森工集团、内蒙古森工集团下属87个森工企业及相关林业经营单位所构成的林

区。东北、内蒙古重点国有林区森林面积辽阔，是我国重要的生态安全屏障和后备森林资源培育战略基地，在全国森林资源和林业建设全局中占有举足轻重的地位。该区林业发展状况如表27所示。

表27 2022年东北、内蒙古重点国有林区林业发展基本状况

指标	数值	占全国的比重（%）
造林面积（万公顷）	18.15	2.42
森林抚育面积（万公顷）	66.59	11.61
林草投资完成额（亿元）	229.09	6.26
林草产业总产值（亿元）	322.80	0.36

东北、内蒙古重点国有林区2022年的林草产业总产值为322.80亿元，比2021年降低了175.83亿元，其中，龙江森工集团林业产业总产值最高，为83.22亿元。东北、内蒙古重点国有林区的经济林产品产量为4.74万吨，其中，长白山森工集团经济林产品产量最高，为1.77万吨；木材产量为32.79万立方米，其中，吉林森工集团木材产量最高，为15.27万立方米。东北、内蒙古重点国有林区的三次产业结构比由2021年的49.08∶13.39∶37.53调整为2022年的36.43∶7.95∶55.62。2022年，东北、内蒙古重点国有林区森工企业在岗职工共21.12万人，比2021年减少0.47万人。

东北、内蒙古重点国有林区2022年累计完成林草投资229.09亿元，比2021年增加了23.67亿元。2022年，东北、内蒙古重点国有林区林草投资完成额中，中央投资完成额为207.33亿元，占该地区投资完成额的90.50%，相较于2021年的国家投资完成额占比下降了7.58%。

专栏15 全面推进林草领域定点帮扶工作

2022年，国家林业和草原局持续做好广西壮族自治区罗城县、龙胜县以及贵州省独山县、荔波县等4个定点县的巩固脱贫成果工作，全面推进巩固拓展林草脱贫成果同乡村振兴有效衔接。

一是发展林草特色产业，确保产业帮扶落地见效 持续募集林草生态帮扶专项基金950万元，在定点帮扶县实施笋用麻竹种植及加工、牧草有机肥生产、板蓝根林下种植及初加工、高产油桐种植4个产业帮扶项目，扶持合作社7个，建成麻竹、油桐、板蓝根种植示范基地1000亩，联结脱贫户499户1811人，户均年增收1.5万元。扶持2家当地林草龙头企业，

吸纳当地劳动力在上下游产业就业3000余人，不断增强定点帮扶县产业发展内生动力。持续推进消费帮扶，累计采购定点帮扶县农产品231.22万元，采购其他脱贫地区农产品562.05万元；帮助定点帮扶县销售农产品6238.03万元，帮助其他脱贫地区销售农产品792.05万元。

二是加强智力科技帮扶，强化乡村发展技术支撑 统筹755万元在定点帮扶县立项实施林草科技帮扶项目13个。组织中国林业科学研究院专家赴龙胜县开展笋用竹培育技术培训，培训技术人员、林农100余人。选派林草专家参与科学技术部主办的"科技列车河池行"活动，在罗城县实地指导南方鲜食枣高效栽培和麻竹笋用林高效培育，举办生态产品绿色核算与碳中和评估专题讲座。组建"1+N"林草科技服务团，深入独山县和荔波县开展油茶、山桐子、无患子、海花草、刺梨、林下经济等林草产业技术指导服务。组织林草专家团队赴独山县开展2期"'春晖行动·风筝计划'共'桐'富裕产业技术培训及项目推广活动"，培训油桐种植技术人员120人，受培训的产业发展带头人获得"全国乡村振兴青年先锋标兵""全国向上向善好青年"等荣誉称号。在荔波县举办3期油茶低产林改造及高效栽培等相关技术培训班，培训技术人员、林农50余人。积极协调各类林草培训班安排定点帮扶县培训名额，共培训基层干部623人、乡村振兴带头人92人、技术人员530人，进一步筑牢乡村发展根基。

三是统筹文化生态资源开发，科学推进文旅深度融合 在龙胜县江底乡新建村建设林下经济种植科普教育基地，建成493米森林科普步道和1个景观平台，安放26个科普小设施和50余块科普标牌，吸引周边学生开展研学活动。在前期实施罗城县小长安镇木栾屯生态旅游扶持项目的基础上，建设木栾屯森林科普体验基地，建成275米森林科普步道和2个集散小广场，打造民族特色中草药科普点，开展动植物标本、书签等自然手工艺品的制作，吸引各地游客纷纷打卡观光。通过支持定点帮扶县深入推进文旅融合，挖掘民族特色文化和自然生态等旅游资源，为精准帮扶找到了一条新路子，打造了"生态建设+民俗文化+乡村旅游"的全域融合发展模式，定点帮扶县生态旅游产业蓬勃发展。罗城县米椎林乡村旅游区被评为广西五星级乡村旅游区、木栾生态农庄被评为广西四星级乡村旅游区，荔波县瑶山村上榜中国美丽休闲乡村、瑶山古寨景区入选非遗旅游景区。

四是加强生态保护建设，积极推进乡村人居环境改善 安排定点帮扶县林草资金4.3亿元，科学开展国土绿化行动、实施重点生态工程建设、强化林草资源保护管理，持续改善乡村人居环境。支持独山县、荔波县实施国家储备林建设，引进国家储备林项目贷款3.47亿元，开展树种结构调整优化和森林质量精准提升。推动生态护林员与林长制工作有效结合，在保持定点帮扶县生态护林员队伍规模稳定的基础上，进一步推动生态护林员信息化、可视化、规范化管理。加强林业有害生物防治，选派专家团队赴荔波县指导松材线虫病疫情防控工作，有效地遏制松材线虫病疫情在当地扩散蔓延。通过推动定点帮扶县加强生态文明建设，当地生态保护取得明显成效，独山县、荔波县所在的黔南州荣获"国家森林城市"称号，龙胜县荣获"广西森林城市"称号。

N 支撑保障

P119-126

- 种苗
- 科技
- 教育与人才培养
- 信息化
- 林业工作站

支撑保障

2022年，林草支撑保障能力不断提高。林草种苗行业管理水平逐步提升，科技成果转化及自主创新能力得到有效提升，林草信息化和林业工作站建设持续发力。

（一）种苗

支持重点 中央财政林木良种培育补助项目安排资金5.16亿元，支持国家重点林木良种基地、国家林木种质资源库建设和育苗单位采用先进林木良种苗木。中央预算内投资林草种质资源保护项目安排资金2亿元，支持17个国家林木种质资源库和内蒙古分库基础设施建设。

种质资源保护 公布了第三批62处国家林木种质资源库名单，国家林木种质资源原地、异地保存库总数达到161处。布局建设国家林草种质资源设施保存库海南分库。依托中国林业科学研究院林业所成立国家林草种质资源鉴定评价中心。

种苗生产 共生产林木种子1089.6万千克，其中，良种426.4万千克，良种穗条23.8亿条（根），实际用于造林绿化的林木种子704.4万千克。全国育苗总面积112.3万公顷，其中，新育面积8.2公顷，同比2021年分别减少了9.9%和18%。生产苗木总量430亿株，其中，可供下一年造林绿化苗木287亿株，实际用苗量95亿株，同比2021年分别减少19.2%、16.4%和19.4%。全国各类苗圃24.22万个，同比减少13.49%，其中，保障性苗圃641个。省级及省级以上林木良种基地765个，生产总面积12.7万公顷。林木采种基地1307个，采种面积26.6万公顷。

监督管理 印发《关于组织开展2022年打击制售假劣林草种苗和侵犯植物新品种权工作的通知》。全国共查处假冒伪劣、无证、超范围生产经营、未按要求备案、无档案等各类种苗违法案件217起，罚没金额113万余元。其中，查处制售假冒伪劣种苗案件37起，罚没金额近50万元。印发《关于开展2022年林草种苗质量抽检工作的通知》，对河北、山西等8个省（自治区）开展林草种苗质量抽检工作。涉及34个县63个用种或用苗单位。林木种子样品合格率为61.30%，草种样品合格率为71.20%，苗木苗批合格率为100%。对北京、福建等2个省（直辖市）的4家公司开展"进出口林草种子生产经营许可证核发"等许可事项的事后随机监督抽查，检查结果均为合格。发布《2023年全国苗木供需分析报告》和《2023年全国草种供需分析报告》，并在人民网、新华财经、国家林业和草原局政府网等媒体上向社会发布。联合新华社中国经济信息社正式对外发布新华·中国（合肥）苗木价格指数首期研究成果。

品种审定 全国累计审（认）定林木良种507个，其中，国家林业和草原局林木品种审定委员会审（认）定林木良种25个，北京、河北等24个省级林木品种审定委员会审（认）定林木良种482个。内蒙古、浙江等4个省（自治区）引种备案林木良种6个。国家林业和草原局草品种审定委员会审定通过草品种6个。17个草品种通过评审，进入国家草品种区域试验站进行区域试验。北京、辽宁等8个省（自治区、直辖市）共审定草品种38个。

（二）科技

中央财政安排林业科技资金13.97亿元。其中，部门预算5209万元。中央财政林业科技推广示范补助资金5亿元，生态站、重点实验室和推广站等科技平台基本建设经费2.6亿元，基本科研业务费项目8513.75万元。中央财政科技计划项目经费5亿元。

科学研究 与科学技术部等四部门联合印发《"十四五"生态环境领域科技创新专项规划》。与国家发展和改革委员会、科学技术部等联合印发《关于进一步完善市场导向的绿色技术创新体系实施方案（2022—2025年）》。与科学技术部、农业农村部共同推进农业生物育种科技创新重大项目。配合科学技术部研究部署"林业种质资源培育与质量提升"等7个国家重点研发计划专项2022年度项目任务安排。配合农业农村部编制《农业急需技术集成转化实施方案》，将油茶、核桃2个木本油料树种生产技术纳入其中。与国家统计局联合印发《关于开展森林资源价值核算试点工作的通知》，在内蒙古、福建等5个省（自治区）开展森林资源价值核算试点工作。形成《林草区域布局与研发需求分析（2021—2025年）》。

项目实施 启动"草种优良品种选育""油茶采收机械研发"2个揭榜挂帅项目，继续开展"松材线虫病防控""森林雷击火防控"2个在研揭榜挂帅项目。新设"野生动植物和古树名木鉴定技术及系统研发""互花米草可持续治理技术研发"2个揭榜挂帅项目。批复创新联盟及国家林业和草原局直属单位自主研发项目173项，总经费3.6亿元。

科研队伍建设 2人获得科技创新领军人才，1人获得青年拔尖人才项目支持。编制完成《林草科技创新人才管理办法》。评选出第四批林业和草原科技创新青年拔尖人才25人、林草科技创新领军人才25人、林草科技创新团队25个。

生态站建设 中央预算内投资支持28个生态站建设项目1.5亿元。编制《国家陆地生态系统定位观测研究站发展方案（2023—2025年）》，修订《国家陆地生态系统定位观测研究站管理办法》。发布《中国陆地生态系统质量定位观测研究报告（2020年）》，对215个生态站进行评估并发布评估结果。批复新建黑龙江三江平原草原站、西藏雅尼湿地站等5个生态站,生态站总数达220个。

重点实验室建设　配合科学技术部开展林业和草原局领域全国重点实验室重组工作。推进局级重点实验室重组工作,编制局级重点实验室重组方案。批复建立林草有害生物药剂防治国家林业和草原局重点实验室。

创新联盟建设　批复筹建森林认证国家创新联盟等9家联盟,创新联盟总数达266个。林草创新联盟公众号关注人数稳定增长,全年发文900多篇,总阅读达116万人次。批复2021年度联盟自主研发项目111项,总资金达2.8亿元。

成果及推广　国家林草科技推广成果库新入库1200多项成果,库存总数达到1.29万余项。修订《国家林草科技推广成果库管理办法》。开展油茶良种遴选,评审出16个主推品种和56个区域推荐品种。开展森林草原防火技术成果征集,共收集各类成果293项。共安排中央财政林业科技推广示范资金项目548个,资金5亿元。批复认定8个国家林业草原工程技术研究中心。验收整改到期的4个工程中心。编撰《国家林业草原工程技术研究中心2021年度报告》,对115个工程中心的建设运行情况及工作成效进行分析总结。中央预算内基建投资3000万元支持山西、青海等6个省(自治区)推广站建设。遴选公布第二批100名最美林草科技推广员,聘任第三批300名国家林草乡土专家。组建乡土专家帮帮团494个。印发《关于开展林草科技服务助力乡村振兴重点工作的通知》,全国组建推广员包干组3323个,组建科技服务团252个。推进"林草高新基础进青海"和"林草科技进兴安"等活动。举办油茶、刺梨和文冠果水肥一体化现场推广演示活动。

培训和科普　举办11期国家林草科技大讲堂培训直播,邀请69位专家讲解林业实用技术,累计收看直播量超过1270万人次。通过央视频、学习强国、抖音、快手、微信视频等媒体发布大讲堂等技术培训视频700余条,累计播放量突破4000万次。在林草科技推广公众号上刊登信息1600多篇。举办"走进林草科技 共建美好家园"全国科技活动周轮值主场活动暨2022年全国林草科技周活动。联合科学技术部等部门共同主办"科普援藏活动"和"科技列车河池行活动"等全国科技周品牌活动。参加全国优秀科普作品和科普微视频大赛,《中国熊猫》《小鸳鸯成长记》和《推动绿色发展 促进人与自然和谐共生》3部作品荣获全国优秀科普微视频。联合中国科学技术学会、科学技术部等18个部门主办全国科普日活动。举办全国林业和草原科普讲解大赛,全国27个省(自治区、直辖市)123家单位的173名选手参赛,决赛线上直播观看人数突破10万人次。

标准体系建设　发布国家标准32项,发布行业标准90项。印发《林业和草原新型标准体系》,包含4个类别32个专业领域,包括国家标准和行业标准1500余项。批复筹建野生植物、林草工程建设、林草应对气候变化等3个林草行业标准化技术委员会。组织30余家单位900多人参加林草标准化管理培训。组织标准创新贡献奖推荐工作。推荐标准项目奖3项，标准组织奖1项，突出贡献奖1项。

产品质量安全 印发《国家林业和草原局办公室关于开展2022年林产品质量监测工作的通知》，组织开展林产品质量监测工作，监测4大类49种产品、7种食用林产品及产地土壤共2437批次。开展林产品检验检测能力验证活动，参加机构共117家，能力验证项目共6项。参与北京冬（残）奥会食用林产品安全保障工作，受到国务院食品安全委员会办公室、冬（残）奥组委表扬。

植物新品种保护 受理国内外林草植物新品种权申请1828件，授权651件，申请量同比增加26.77%。林草植物新品种初步审查时间由规定的6个月压缩至50天以内。完善林草植物新品种现场审查专家库，新增现场审查专家18人，专家库总人数达到232人，组织完成植物新品种实质审查684件。印发《国家林业和草原局办公室关于组织开展2022年打击制售假劣林草种苗和侵犯植物新品种权工作的通知》。侧柏属、黄檗属等9项植物新品种测试指南以行业标准发布。我国专家共承担了7项国际测试指南编制任务，已完成4项并发布实施。

生物安全管理 对转基因赤桉、'南林895'杨和麻竹中间试验进行安全性评价，对广西林业科学研究院、青岛农业大学和福建农林大学下发许可决定4项。对获得许可的转基因林木试验进行6批次长期监测。新增11项林草遗传资源遗传多样性调查与评价项目。

森林认证体系建设 正式批准《中国森林认证 森林碳汇》标准（20220800-T-432）列入2022年碳达峰碳中和国家标准专项计划及外文版计划。发布《中国森林认证 竹林经营》1项国家标准，完成《中国森林认证 自然保护地资源经营》等5项行业标准的报批和发布工作。实施森林认证项目12项。中国森林认证体系（CFCC）再次获得森林认证体系认可计划（PEFC）颁发的认可证书，通过CFCC认证的林产品可同时加载CFCC和PEFC认证标识。

智力引进 推荐的澳洲籍国际湿地知名专家科林·麦克斯韦·芬列森尔获得2022年度中国政府友谊奖。获批7项国家外国专家项目。作为首批10家线上出国（境）培训试点中央国家机关，派出英国线上出国（境）培训团组；指导国家引才引智基地"中国林科院林化所"三年来首次成功聘请加拿大专家来华实地开展工作。申报各类公派留学项目4批次，获批12人。

知识产权 与国家知识产权局等17个部门联合印发《关于加快推动知识产权服务业高质量发展的意见》。组织实施"鼠害种群数量调查关键技术转化运用"等3项林业专利技术转化运用项目、"蓝莓新品种转化运用"等7项林草授权植物新品种转化运用项目。1项林业知识产权转化运用项目通过验收。完善林草知识产权基础数据库和共享平台。完善和建设了15个林草知识产权基础数据库，新增数据量10万条，累计数据量170万条。

(三) 教育与人才培养

行业培训 全年共举办培训班114期，培训学员22964人次。组织举办重点培训班8期，累计培训学员超过2900人次。开发国家林业和草原局教育培训平台。组织副处级以上干部参加中国干部网络学院开展的党的二十大精神专题学习培训。举办列入中华人民共和国人力资源和社会保障部计划的乡村振兴高级专业技术研修班，培训中高级专业技术人员100人。向中共中央组织部报送课件90期，总时长约2800分钟。

人才建设 《国家职业分类大典》（2022版）中林草行业相关职业分类新增"湿地保护修复工程技术人员""碳汇计量评估师"等4个职业。组织2021年度工程系列高级和中级评审会，共有608人参评，分别有38、88、147、155人通过正高级工程师、高级工程师、工程师、助理工程师资格评审。部署开展了2022年度林业工程职称申报工作，共有30个单位740人进行申报。

(四) 信息化

网站建设 林草政府网站全年共发布信息43416条，办理中国政府网留言16件，回复网民留言1152件，点击量增加1.96亿次。开设了"学习贯彻党的二十大精神""林草重点工作""中国国家公园"等专题专栏，着力加强党建工作宣传，全年发布信息6983条，发布学习贯彻党的二十大精神信息230条。发布各类科普信息332条。发布相关视频信息3201条。

感知系统建设 实现综合办公和主要政务工作信息化应用100%国产化。圆满完成了"金林工程"建设任务，并交付相关司局单位应用。制定《感知中心常态化管理工作方案》，累计服务保障百余次指挥、调度及日常培训。

大数据建设与应用 集成森林、草原、湿地、荒漠和生物多样性保护等"四个生态系统一个多样性"相关资源基础数据。完成了2021年林草生态综合监测数据入库，开展感知应用考核验收，完成了林业生态网络感知系统建设方案中期评估。出台林业生态网络感知系统林草资源数据库建设相关技术文件。

数据共享、示范引领与标准建设 一是研究制定并印发《国家林业和草原局政务信息资源共享管理办法（试行）》。完成长江流域数据共享工作，实现国家重点保护陆生野生动物名录、长江流域植被覆盖率、森林蓄积量、草原综合植被覆盖度、国家公园基本信息等5类数据共享。按照《国务院部门数据共享责任清单（第五批）（第六批）》《国务院有关部门垂管系统与地方数据平台对接清单（第三批）》，大力推进局9类政务数据共享。二是制定发布《全国林草信息化示范区创建方案》。三是发布《林业草原信息领域标准体系》，重点开展林草信息资源、数据共享、应用服务、安全管理等相关标准规范制定与应用，组织完成国家标准复审。

安全保障　全年共抵御渗透扫描7.84亿次、防御入侵攻击141万次、拦截恶意病毒攻击155万次，手动封禁恶意IP地址超3万个，开展终端安全防护1.8万次。开展了信息技术应用创新、金林工程、国家林业和草原局政府网等共计20个信息系统等级保护测评，同步开展商用密码安全性评估。

（五）林业工作站

基础设施　全国完成林业工作站基本建设投资2.50亿元，其中，中央投资1.45亿元，带动地方投资1.05亿元。全国共有107个乡镇林业工作站新建业务用房，新建面积2.6万平方米，350个林业工作站新购置交通工具，1263个林业工作站新配备计算机。通过持续开展标准化建设，乡镇林业工作站基础设施条件得到改善。截至2022年，全国共有12265个林业工作站拥有自有业务用房，面积230.5万平方米。共有6878个林业工作站拥有交通工具10695台。共有20781个站配备计算机52270台。

基层力量　全国有地级林业工作站151个，管理人员2248人；县级林业工作站1349个，管理人员17945人。与2021年相比，地级林业工作站减少4个，管理人员减少177人，县级林业工作站减少22个，管理人员减少1737人。全国现有乡镇林业工作站23322（含管理2个以上乡镇的区域站842个），覆盖全国84.50%的乡镇，较2021年增加了823个，增长3.66%。其中，按机构设置形式划分，独立设置的林业工作站7497个（含按乡设站6633个、按区域设站864个），占林业工作站总数的32.15%；农业综合服务中心等加挂林业工作站牌子的站有6579个，占总站数的28.21%。无林业工作站机构编制文件但原班人马仍正常履行林业工作站职能的"站"有9246个，占总站数的39.64%。按管理体制分，作为县级林业和草原主管部门派出机构（以下简称垂直管理）的站有4200个，县、乡双重管理的有1606个，乡镇管理的有17516个，分别占林业工作站总数的18.01%、6.89%、75.10%。与2021年相比，垂直管理的林业工作站增加了119个、增长2.92%；双重管理的减少423个、减少20.85%；乡镇管理的林业工作站增加1127个、增幅6.88%。全国乡镇林业工作站共有在岗职工76097人，每个工作站平均3.26人，与2021年相比，人数增加了148人、增长0.19%，每个工作站平均减少0.12人。

标准化建设　组织编制《全国林业工作站"十四五"建设实施方案》，安排落实全国20个省（自治区、直辖市）400个乡镇林业工作站开展标准化建设，其中，一级林业工作站250个、二级林业工作站150个。上海、浙江、福建、湖南等4个省（直辖市）共计15个自建林业工作站通过国家验收。新建成540个全国标准化林业工作站。

工作成效　共有5271个乡镇林业工作站受县级林业和草原主管部门的委托行使林业行政执法权，全年办理林政案件57897件，调处纠纷32013起。全国共有10989个乡（镇）林业工作站加挂乡镇林长办公室牌子。共有5755个林业工作站稳定开展"一站式""全程代理"服务，共有8898个林业工作站参与开展森林保险工作。全年共开展政策等宣传工作151.9万人天。培训林农408.6万人次。指导、扶持林业经济合作组织5.9万个，带动农户194.8万户。拥有科技推广站办示范基地9.1万公顷，开展科技推广27.5万公顷。指导扶持乡村林场1.9万个。管理指导乡村生态护林员172.7万人，护林员共管护林地1.99亿公顷。

开放合作

- 政府间合作
- 民间合作与交流
- 履行国际公约
- 专项国际合作
- 重要国际会议

开放合作

2022年，林草开放合作成果丰富。民间合作与交流稳步推进，国际履约成效明显。

（一）政府间合作

重大外交外事活动　2022年6月24日，习近平主席主持全球发展高层对话会，会议发布了32项全球发展高层对话会成果清单，其中涉林草2项，分别是"中国将同国际竹藤组织共同发起'以竹代塑'倡议，减少塑料污染，应对气候变化"和"建立全球森林可持续管理网络，促进生态系统保护和林业经济发展"。9月，王毅国务委员主持召开"全球发展倡议之友小组"部长级会议，"中国将同国际竹藤组织共同启动制定'以竹代塑'全球行动计划"纳入中国与"之友小组"国家落实全球发展倡议七大行动之一。林草内容纳入中国-印度尼西亚实施全面战略伙伴关系的行动计划、东盟10+3合作工作计划（2023—2027）、澜湄合作五年行动计划等高层会晤成果文件。作为中新（西兰）建交50周年活动，2022年7月，国家林业和草原局与新西兰资源保护部共同召开中新迁徙水鸟及其栖息地保护合作对话启动仪式暨中新迁徙水鸟保护研讨会；与新加坡签署《关于促进大熊猫保护合作的谅解备忘录》。11月27—28日，蒙古国总统访华期间，习近平主席表示"愿同蒙方探讨设立中蒙荒漠化防治合作中心"。中蒙双方发布的《中蒙关于新时代推进全面战略伙伴关系的联合声明》和《中蒙两国政府联合声明》写入了"防沙治沙合作、共同实施合作项目"等内容，中蒙双方签署了《关于干旱风险预防、荒漠化缓解和草原恢复的合作意向书》。12月，习近平主席出席首届中国-阿拉伯国家峰会提出"建立中阿干旱、荒漠化和土地退化国际研究中心"。

配合外交需要，做好大熊猫抵达美国国家动物园50周年外交活动安排。

区域林业合作　2022年8月23—25日，中方派团赴泰国清迈出席第五届亚太经济合作组织（APEC）林业部长级会议，推动APEC林业部长级会议机制化取得新进展。派员参加APEC打击木材非法采伐及相关贸易专家组第21、22次会议及政策议题研讨会，深度参与工作计划和多年战略规划制定。派团线上参加第25届东盟林业高官会，组织实施"中国-东盟林业合作回顾与展望"项目，召开了"中国-东盟林业合作回顾与展望研讨会"。积极开展"澜湄周"活动，举办2022年林业合作澜湄周活动暨澜湄国家林业合作项目研讨会、油茶资源调查项目交流启动会，与泰国皇家林业局召开澜湄合作人才培养交流会等系列活动。稳步推进中欧森林执法与治理双边协调机制；推动中国和中东欧国家林业产业和科研教育交流与合作。

双边林草合作 与俄罗斯、乌拉圭、蒙古、沙特阿拉伯、乌兹别克斯坦等国召开林草工作组专题会议，探讨在国家公园、生物多样性保护等领域的合作。与德国食品和农业部召开中德林业工作组第八次磋商，探讨项目过渡期安排及二期合作事宜；与德方就"热带木材贸易机制"中德非合法木材贸易三方合作（TTT）项目开展磋商。派员参加中芬经贸联委会第24次会议，组织召开"中英国际林业与投资项目"二期第三次、第四次指导委员会会议。与新西兰共同制定中新林业合作计划，推动中国和新西兰候鸟保护合作。组织在线援外培训班27期，培训学员近2000人次。

与联合国粮农组织（FAO）等组织的合作 派团参加在意大利罗马召开的FAO林业委员会第26次会议（COFO26），与相关国家和国际组织人员举行双边会见，夯实合作基础，拓宽合作领域；派员参加第五届联合国环境大会第二阶段会议，积极参与相关议题磋商，维护国家权益。

继续支持国际竹藤组织和亚太森林组织发展，持续深化与世界银行、国际热带木材组织（ITTO）、世界经济论坛等政府间组织的交流与合作。支持国际竹藤组织发展壮大，协助为国际竹藤组织提供了400万美元自愿捐款，配合国际竹藤组织做好成员国发展工作，2022年，乍得正式加入国际竹藤组织，成为其第49个成员国，刚果（金）成为国际竹藤组织观察员国。推动亚太森林组织发展，为亚太森林组织提供243万美元自愿捐款，配合做好亚太森林组织董事会成员增选和治理改革。派员参加国际热带木材组织第58届理事会会议；推动中国绿化基金会与世界经济论坛共同牵头发起"全球植万亿棵树领军者倡议——中国行动"，为落实"碳达峰""碳中和"的应对气候变化目标提供有力支撑。

（二）民间合作与交流

2022年，民间合作与交流稳步推进。一是与境外非政府组织新开展林草合作项目168个，涵盖国家公园与自然保护地体制建设、濒危野生动植物保护、生物多样性保护、森林可持续经营、湿地保护与恢复、林草应对气候变化等多个领域。二是协调境外非政府组织向青海、江西、云南等地基层护林员无偿捐赠野外巡护摩托车90辆、个人巡护设备50套。三是启动德国复兴信贷银行绿色促进贷款技术援助基金对话专题项目，推动中日植树造林国际联合项目单县和大庆项目的实施；推动实施英国曼彻斯特桥水花园"中国园"项目；加强与非洲国家公园网络、大森林论坛等组织的交流。

（三）履行国际公约

《濒危野生动植物种国际贸易公约》（CITES） 一是2022年3月7日至11日，组团参加在法国里昂召开的《濒危野生动植物种国际贸易公约》（CITES）第74次、75次、76次常委会会议，积极参与各项议题讨论，有力维护了包括我国在内的亚洲国家权益。二是组团参加CITES第19届缔约方大会，参与了各项议题讨论，阐述了中方立场。会议期间中国当选CITES常务委员会候补委员国和植物委员会代表，并成功举办"中国打击野生动物非法贸易最佳实践"主题边会。三是向CITES秘书处提交年度合法贸易报告、年度非法贸易报告以及象、犀等敏感物种专项报告，大力推动履约工作开展，树立我国负责任大国形象。四是与俄罗斯海关署建立CITES许可证信息交换联络机制，加强CITES许可证信息沟通。五是开展对亚、非国家履约管理和执法人员的能力建设培训交流活动。

《关于特别是作为水禽栖息地的国际重要湿地公约》（RAMSAR） 一是派员参加《湿地公约》第十四届缔约方大会（以下简称"COP14大会"）、《湿地公约》第59次常委会第二阶段会议、COP14大会工作组会议、亚洲区域预备会议、世界水论坛、全球滨海论坛框架组系列会议、中国-乌拉圭林业工作组会议等国际会议，研究会议议题，制定参会对案，阐述中方立场。二是加强国际重要湿地管理，组织开展提名指定18处国际重要湿地。三是妥善处理国际重要湿地遗留问题，对湖南南洞庭国际重要湿地范围调整进行调研及专家论证。四是按照公约每6年进行一次数据更新的要求，对1992年和2004年列入《国际重要湿地名录》的双台河口等15处国际重要湿地的数据信息进行更新。

《联合国防治荒漠化公约》（UNCCD） 一是2022年5月9日习近平主席特别代表、国务委员兼外长王毅出席《联合国防治荒漠化公约》干旱与土地可持续治理领导人峰会并致辞，阐明了荒漠化履约重要意义和我国政策主张。二是5月9日至20日，组团参加在科特迪瓦经济首都阿比让召开的《联合国防治荒漠化公约》第十五次缔约方大会（COP15），参与了相关议题讨论，阐述了中方立场，宣传中国的荒漠化防治成就。三是举办"一带一路"国家履行《联合国防治荒漠化公约》高级官员研修班，发布荒漠化防治英语在线课程和我国大数据支持"非洲绿色长城"建设在线工具。

《生物多样性公约》（CBD） 一是组团赴瑞士日内瓦参加《生物多样性公约》系列会议；二是派员赴肯尼亚内罗毕参加《生物多样性公约》"2020年后全球生物多样性框架"不限名额工作组第四次会议，参与林草相关议题讨论，阐述中方立场；三是林业和草原主管部门派员赴加拿大蒙特利尔参加《生物多样性公约》第十五次缔约方大会（COP15）第二阶段会议，参与涉林草议题谈判工作。

《国际植物新品种保护公约》 一是履行国际植物新品种保护联盟（UPOV）成员国义务，及时向UPOV报送数据，实现植物新品种数据全球共享。二是派员线上参加国际植物新品种保护联盟年度会议。三是在中国加入国际植物新品种保护联盟23周年之际，国家林业和草原局通过UPOV官网、推特和领英等社交平台发布中国林草植物新品种和青年育种者事迹，制作"中国优良林草植物新品种巡礼"英文宣传视频，向世界展现我国林草植物新品种事业取得的成就。

四是与欧盟植物新品种保护办公室（CPVO）以线上方式联合主办"中欧植物新品种保护法律法规研讨会"。五是全年共组织5次有关植物新品种保护的国际培训，强化了我国植物新品种保护人才队伍建设。六是派员线上参加UPOV组织的收获材料和未经授权使用繁殖材料工作组（WG-HRV）第一次会议。

《联合国森林文书》 一是积极推进履行《联合国森林文书》示范单位建设，组织编写《履行〈联合国森林文书〉良好实践》，举办研修培训，提升履约示范单位森林可持续经营能力。二是开展履约示范建设项目工作，加强项目全流程管理，取得良好成效。三是组织履约示范单位开展"国际森林日"主题宣传活动，支持示范单位持续开展履约科普宣教和自然教育活动。

《世界遗产公约》 一是正式将"中国黄（渤）海候鸟栖息地（第二期）"作为中国2023年世界遗产申报项目提交联合国教科文组织。二是持续推进青海坎布拉世界地质公园、"闽江河口湿地"、西藏"神山圣湖"和内蒙古"巴丹吉林沙漠—沙山湖泊群"等项目的申报工作。

（四）专项国际合作

草原国际合作与交流 派员参加《联合国防治荒漠化公约》涉及草原边会，向与会代表介绍了中国草原管理情况；积极参与国际草原联盟成立筹备工作。

湿地保护国际合作 一是推进实施全球环境基金（GEF）7期项目，召开项目指导委员会第二次会议，指导GEF项目推动湿地保护工作；研究申报GEF8期项目，做好项目顶层设计，积极协调各有关部门支持。二是加强与境外非政府组织合作，推进与大自然保护协会蓝碳领域合作，与世界自然基金会共同出版全球湿地展望专刊。三是举办"一带一路"国家湿地保护与管理研修班；启动实施亚洲合作资金澜沧江—湄公河流域湿地可持续管理国际合作项目。

荒漠化防治国际合作 荒漠化防治成为我国外交大局中推动国际社会绿色发展的重要抓手。一是派员参与二十国集团落实全球土地倡议指导委员会谈判进程，期间我国《联合国防治荒漠化公约》国家联络员当选指导委员会委员。二是以线上方式举办中国支持"非洲绿色长城"建设研修班。研修班旨在推广中国荒漠化防治成熟经验技术，有针对性地增强非洲抵御撒哈拉沙漠南侵的能力。来自布基纳法索、乍得、马里、尼日尔、毛里塔尼亚、塞内加尔6个非洲国家的20多名官员在线参加研修。

野生动植物种保护国际合作 一是启动我国在中东首个大熊猫合作研究项目，成功将大熊猫"四海"和"京京"运抵卡塔尔并举行大熊猫场馆开馆仪式。二是发挥打击野生动植物非法贸易部际联席会议制度作用，积极参加司法部、CITES秘书处、联合国毒罪办等组织的合作交流及联合执法行动。三是派员参加第二届全球老虎保护论坛、第三届亚洲象分布国会议、第四届亚洲虎分布国会议、全球雪豹指导委员会第七次会议等国际会议,积极参与国际事务,宣传我国保护成就,倡导推进国际合作。四是多次召开多边和双边会议,交流中、日、韩、澳鸟类保护政策法规和执行候鸟保护双边协定的情况,切实履行《中国–俄罗斯政府间候鸟保护协定》以及东亚–澳大利西亚迁飞区合作伙伴关系等。五是积极推进与圭亚那美洲豹合作事宜,以及与世界自然保护联盟(IUCN)穿山甲技术研究合作。

自然保护地国际合作 一是推进与德国、赞比亚和纳米比亚合作开展的"中德非自然保护三方合作项目"。参与赞比亚实施小组第二次会议、纳米比亚实施小组第一次、第二次会议及中德非自然保护三方合作项目指导委员会第一次会议;参加中德发展合作委员会年会筹备会,介绍项目最新进展。二是推动落实国家林业和草原局与法国生物多样性局《关于自然保护领域合作的谅解备忘录》,先后召开"中法国家公园品牌建设""中法生物多样性监测及数据管理"线上研讨会。

国际贷款项目合作 一是欧洲投资银行"黄河流域沙化土地可持续治理项目"筹备工作积极推进,开展项目技术模型磋商,确定各项目省(自治区)建设内容和建设规模。项目旨在实施绿色可持续沙化土地治理模式,保护和恢复当地生态系统结构和功能,提升防风固沙效果,为促进黄河流域高质量发展筑牢生态屏障。二是与亚洲开发银行正式签署"丝绸之路沿线地区生态治理与保护项目"贷款协定。项目旨在促进丝绸之路沿线地区特别是生态脆弱区、敏感区、高保护价值区的生态保护与恢复,推动项目区绿色转型发展,项目总投资20.6亿元,其中,亚洲开发银行贷款1.97亿美元(折合人民币12.7亿元),国内配套7.9亿元。继续做好世界银行、欧洲投资银行融合投资"长江经济带珍稀树种保护与发展项目"的实施工作。

全球环境基金(GEF)赠款项目 全球环境基金(GEF)赠款项目工作有序开展。一是"中国森林可持续管理提高森林应对气候变化能力"项目召开2022年度项目指导委员会会议,调整形成新一届项目指导委员会成员。编制印发了国家级、省级森林可持续经营和生物多样性保护等技术指南19项,完成森林可持续经营示范81728公顷,实现森林认证79566公顷,开发省级森林碳汇交易项目2个,首期获得核定减排量19.81万吨,实现碳汇收入224万元,共开展了国家级培训6500多人次,省级和林场级培训7299人次。二是全球环境基金赠款"长江经济带生物多样性就地保护项目"获批,核准全球环境基金赠款约330万美元,建设内容包括加强和改善四川、江西和安徽关键保护地治理管护能力,提升生物多样性保护水平和成效等。三是"中国典型河口生物多样性保护、修复和保护区网络建设示范"项目通过开发培训模块和课程、进行线上线下的各类培训、开展示范保护区之间以及与其他项目间的沟通和交流活动、支持编制出台技术文件,有效提高了项目两省(自治区)海洋保护地管理部门和各保护地工作人员的管理能力。四是"加强中国东南沿海海洋保护地管理，保护具有全球重要意义的沿海生物多样性"项目在中国东南沿海地区建立起海洋保护地网络，搭建了一个基于GIS的信息平台，开发了四个培训模块和20门线上课程，支持编制了中华白海豚监测救助指南等。五是"东亚-澳大利西亚迁飞路线中国候鸟保护网络建设"项目积极参与和支持《中华人民共和国湿地保护法》3个后续配套制度和措施的开发，项目指导委员会第二次会议顺利召开，批准了双年度工作计划（2022—2023），共组织召开各类线上线下会议30次，与17个国际组织、发展银行和国际国内非政府组织开展交流合作。六是"通过森林景观规划和国有林场改革，增强中国人工林的生态系统服务功能"项目编制和实施新型森林经营方案，编制《以林为主的山水林田湖草沙规划》，支持16个试点国有林场编制实施了新型森林经营方案并开展了生态系统服务与社会经济影响监测，编撰完成《新型森林经营方案中国实践报告》等知识产品，发布了13本《项目动态》季刊，拍摄了《木兰林业课》视频网络课程。

亚太森林恢复与可持续管理　一是积极参与亚太森林组织董事会和理事会第六次会议，完成董事会主席换届和董事会成员选举工作，新增治理加入成员。截至2022年，亚太森林组织成员总数达32个。二是协调落实亚太森林组织活动专项资金，指导亚太森林组织重大业务活动规划设计，有序开展示范项目和能力建设活动，参与组织项目立项评审和评估指标体系修订，助力亚太森林组织进一步提升项目活动水平。三是协助亚太森林组织召开"促进森林恢复与可持续管理，履行应对气候变化国际承诺"普洱国际研讨会等政策对话活动；参与国际森林日"关注森林——青少年自然教育"主题活动的策划实施，与亚太森林组织共同草拟发布倡议；推荐亚太森林组织普洱基地申报首批国家林草科普基地。四是支持亚太森林组织推动示范项目、政策对话、能力建设和信息共享等"四大支柱"业务活动。"柬埔寨珍贵树种繁育中心项目"建设工作已基本完成；"澜湄区域森林生态系统综合管理规划与示范项目"有效开展，中国、柬埔寨子项目已完成结题评估；启动首个南美实地示范项目。亚太林业规划交流机制通过线上方式保持成员间政策交流；中国-东盟林业科技合作机制召开第三次机制指导委员会会议和第二届青年论坛，小型科研项目、青年访问学者项目按期启动；奖学金项目顺利实施，采用线下线上教学模式相结合，保障学生顺利完成学业。与联合国粮农组织合作开展主题研究，为小岛国林业部门加强气候变化适应和提升韧性的优先事项开展研究并提出建议。

国际组织人才建设　一是成功派员赴联合国粮农组织担任林业司司长。二是继续派员在《联合国防治荒漠化公约》秘书处任职。三是积极通过教育部等渠道推荐教科文组织优秀国际支援储备人才。

（五）重要国际会议

《湿地公约》第十四届缔约方大会 《湿地公约》第十四次缔约方大会于2022年11月5日至13日召开，在湖北武汉设主会场、在瑞士日内瓦设分会场，主题为"珍爱湿地 人与自然和谐共生"。习近平主席以视频方式出席大会开幕式并发表题为《珍爱湿地 守护未来 推进湿地保护全球行动》的致辞，提出了推进湿地保护全球行动的重要主张。大会共有142个缔约方和有关国际组织的950多名代表参会。武汉主会场举行了大会开幕式、部级高级别会议、成就展、东道国活动等近30场线上线下活动。日内瓦分会场举行了全体会议、常委会会议、主席团会议、闭幕式等90多场线上线下活动。部级高级别会议通过了《武汉宣言》，标志着国际社会形成了新的共识；大会通过了《2025—2030年全球湿地保护战略框架》；以《湿地公约》框架下现行唯一的实体国际合作机制——区域动议形式，在深圳设立全球首个"国际红树林中心"。大会共通过了21项决议，包括中国提出的设立国际红树林中心、将湿地纳入国家可持续发展战略、加强小微湿地保护和管理等3项决议。

第二届世界竹藤大会 2022年11月7日至8日，国家林业和草原局与国际竹藤组织在北京共同主办了国际竹藤组织成立二十五周年志庆暨第二届世界竹藤大会，习近平主席向大会致贺信，引起国内外强烈反响。大会以"竹藤——基于自然的可持续发展解决方案"为主题，旨在推动竹藤产业健康发展、助力实现碳中和目标，探索竹藤发展新机遇，打造竹藤对话新平台。大会开幕式上启动了"以竹代塑"倡议，会议期间举办了大使对话、特邀报告和36场平行会议等系列活动。来自国际竹藤组织成员国、有关国际组织和非政府组织，以及科研院所、高校、企业界的1000多位国内外代表参会，形成了"以竹代塑"倡议重要成果。

联合国森林论坛（UNFF） 联合国森林论坛（UNFF）第17届会议于2022年5月9—13日在纽约联合国总部召开。此次会议以线下线上相结合的方式进行，主要议题包括《联合国森林战略规划》（UNFSPF）实施情况与政策讨论、2024年国际森林安排（IAF）中期评估筹备工作、论坛信托基金情况、新冠疫情对森林和林业部门的影响及各国采取的应对措施以及高级别圆桌会议等。来自UNFF成员国、相关国际组织和其他利益相关方代表约190人出席会议。中方派团参加本届会议，深入参与各项议题讨论，阐述中方立场，确保决议内容反映我国和发展中国家关切。中方代表围绕中国2021年履行UNFSPF的相关进展、科普宣传、全球森林资金网络、信托基金等多项议题分享了中国经验。

P

P135-154

附录

2022年各地区林草产业总产值
（按现行价格计算）

单位：万元

地区	林草产业总产值			
	总计	第一产业	第二产业	第三产业
全国合计	**907186591**	**290720198**	**404041590**	**212424803**
北京	1620662	1041010		579653
天津	233911	233774		137
河北	14792903	6937289	7010795	844819
山西	6135599	5133899	470753	530947
内蒙古	6031518	3032579	770986	2227953
辽宁	6906210	4160707	1956044	789459
吉林	10378574	3324600	4552304	2501670
黑龙江	13603396	6652713	3417090	3533593
上海	2519891	192390	2319239	8263
江苏	51179683	11706556	32685540	6787586
浙江	56801133	11077323	29165882	16557928
安徽	53455292	15171672	23689706	14593914
福建	74001841	12912211	50497384	10592245
江西	62181830	13998783	30027805	18155242
山东	62185429	20352659	37164165	4668606
河南	22655119	10201402	8813106	3640611
湖北	49983433	18408820	15774272	15800341
湖南	53731087	18321384	18714700	16695003
广东	87137919	14871540	55902305	16364074
广西	89887210	23906869	42846669	23133673
海南	5358298	3355451	1628463	374383
重庆	16291812	6588388	4566628	5136796
四川	47097325	16692097	13038686	17366542
贵州	40333233	12062010	6180817	22090407
云南	36250284	21128851	9252738	5868695
西藏	540805	432073	10618	98113
陕西	16159547	12700205	1809790	1649553
甘肃	5741517	4746974	356943	637601
青海	2222773	2014095	27790	180888
宁夏	1626294	806133	365267	454894
新疆	9475396	8245034	763205	467157
大兴安岭	661553	310047	261901	89605

2022年各地区造林完成情况

单位：公顷

地区	造林总面积	造林方式					重点区域生态保护和修复工程项目完成情况					
		人工造林	飞播造林	封山育林	退化林修复	人工更新	造林面积	人工造林	飞播造林	封山育林	退化林修复	人工更新
全国	4202790	930860	166099	1057316	1582935	465579	1801128	376311	119325	586419	669565	49508
北京	3481	3481										
天津	5458			5458			5458			5458		
河北	193707	56685	17762	85294	30880	3086	51352	9973	10667	18462	12247	2
山西	362017	227011	11048	63654	54798	5505	212876	115586	8589	49075	37212	2415
内蒙古	261710	87884	17786	30543	112285	13211	109047	43666	15731	22504	26286	860
辽宁	67403	27293		3334	31487	5290	12275	4434		3333	4402	105
吉林	131037	1631		5105	109026	15276	54326			1893	52428	5
黑龙江	75470	7150		27212	33732	7377	27053	1882		9168	13185	2818
上海	35	35										
江苏	2588	1397			382	809						
浙江	13632	2666			5208	5758						
安徽	37964	5826		14160	13372	4607	17781	390		11292	5420	679
福建	111123	1517		32579	32870	44157	13307	178			8207	4922
江西	257812	6581		46506	139855	64869	45604	1152		21343	14188	8921
山东	15491	4995			7481	3015	1066	17			1027	22
河南	114527	34098	16314	22335	29135	12645	23678	3682	1808	6601	11573	14
湖北	176322	41277		64218	62009	8817	118226	18254		63485	31433	5054
湖南	300184	71837		70462	126275	31610	117096	15102		53518	43317	5159
广东	175918	3112		29129	43504	100172	647	589		1202	412	235
广西	119183	5953		3122	30952	79156	13295				7154	4350

(续)

地区	造林总面积	造林方式						重点区域生态保护和修复工程项目完成情况				
		人工造林	飞播造林	封山育林	退化林修复	人工更新	造林面积	造林方式				
								人工造林	飞播造林	封山育林	退化林修复	人工更新
海南	10517	730			8	9780	147	147				
重庆	133463	16634	667	28533	85042	2588	92533	3634	667	28533	59011	689
四川	163238	13070	8	69580	72101	8479	42032	3194	8	23397	14512	921
贵州	184517	32717		3332	131974	16495	77205	20723		1998	48728	5755
云南	186903	28688		64804	88836	4575	132594	19047		48961	64036	550
西藏	66937	13504	51067	1256		1110	51067		51067			
陕西	381952	43717	50113	174312	110305	3506	246578	28493	30788	115056	71627	613
甘肃	252005	102277		52080	96923	725	148182	41762		37347	68790	283
青海	146631	17631	1334	80750	43143	3772	34253	4624		22201	7428	
宁夏	109814	47633		4723	52401	5058	73412	31106			37441	4866
新疆	128487	23687		74834	25974	3993	66776	8530		41592	16524	130
大兴安岭	13261	145			12977	140	13261	145			12977	140

2022年各地区林业有害生物发生防治情况

单位：公顷

地区	林业有害生物发生面积	防治面积	防治率(%)	一、林业病害发生面积	防治面积	防治率(%)	二、林业虫害发生面积	防治面积	防治率(%)	三、林业鼠(兔)害发生面积	防治面积	防治率(%)	四、林业有害植物发生面积	防治面积	防治率(%)
全国合计	11870900	9599861	80.87	2629535	2050731	77.99	7297390	6040117	82.77	1770143	1382091	78.08	173832	126922	73.01
北京	30411	30411	100.00	1688	1688	100.00	28723	28723	100.00						
天津	48405	48405	100.00	4076	4076	100.00	44329	44329	100.00						
河北	435110	410300	94.30	21463	19934	92.88	386083	368824	95.53	27564	21542	78.15			
山西	223982	191396	85.45	13298	11197	84.20	150044	129891	86.57	59470	49905	83.92	1170	403	34.44
内蒙古	1008349	576752	57.20	174905	86174	49.27	663414	400720	60.40	170030	89858	52.85			
辽宁	474788	447637	94.28	33692	29610	87.88	434480	412084	94.85	6616	5943	89.83			
吉林	284566	275286	96.74	17707	15731	88.84	224427	217124	96.75	42432	42431	100.00			
黑龙江	406320	386709	95.17	29087	21502	73.92	228923	211911	92.57	148310	153296	103.36			
上海	10261	10246	99.85	1065	1065	100.00	9196	9181	99.84						
江苏	82716	75334	91.08	12891	11897	92.29	68708	62320	90.70				1117	1117	100.00
浙江	421349	374682	88.92	372999	331363	88.84	48350	43319	89.59						
安徽	372639	330387	88.66	111285	90234	81.08	261354	240153	91.89						
福建	266866	256961	96.29	77403	77403	100.00	189463	179558	94.77						
江西	485823	465565	95.83	266611	264941	99.37	219177	200606	91.53				35	18	51.43
山东	468320	428644	91.53	106144	79315	74.72	362176	349329	96.45						
河南	460619	415683	90.24	95571	86038	90.03	365048	329645	90.30						
湖北	454685	316191	69.54	109419	17992	16.44	272325	240399	88.28	4348	4092	94.11	68593	53708	78.30
湖南	386062	186550	48.32	85896	14451	16.82	300166	172099	57.33						
广东	447342	420427	93.98	279547	279546	100.00	124704	101016	81.00				43091	39865	92.51
广西	365820	112619	30.79	74970	44676	59.59	274896	57590	20.95	270	258	95.56	15684	10095	64.36
海南	27743	5442	19.62	8	8	100.00	8487	4313	50.82				19248	1121	5.82

(续)

地区	林业有害生物 发生面积	林业有害生物 防治面积	林业有害生物 防治率(%)	一、林业病害 发生面积	一、林业病害 防治面积	一、林业病害 防治率(%)	二、林业虫害 发生面积	二、林业虫害 防治面积	二、林业虫害 防治率(%)	三、林业鼠(兔)害 发生面积	三、林业鼠(兔)害 防治面积	三、林业鼠(兔)害 防治率(%)	四、林业有害植物 发生面积	四、林业有害植物 防治面积	四、林业有害植物 防治率(%)
重庆	355714	355714	100.00	122979	122979	100.00	218877	218877	100.00	12392	12392	100.00	1466	1466	100.00
四川	592108	461323	77.91	118810	89951	75.71	442244	343825	77.75	30951	27444	88.67	103	103	100.00
贵州	179265	169914	94.78	24409	20329	83.28	150065	144794	96.49	2419	2419	100.00	2372	2372	100.00
云南	365041	362532	99.31	59497	59193	99.49	275598	273709	99.31	13645	13472	98.73	16301	16158	99.12
西藏	228466	75700	33.13	65933	21846	33.13	121273	40183	33.13	40527	13428	33.13	733	243	33.15
陕西	377745	303656	80.39	88075	57003	64.72	210055	179467	85.44	79562	67133	84.38	53	53	100.00
甘肃	380266	281969	74.15	72777	54737	75.21	171475	125670	73.29	136012	101562	74.67	2		
青海	257900	202247	78.42	29299	22078	75.35	107661	82799	76.91	117169	97203	82.96	3771	167	4.43
宁夏	251249	123307	49.08	777	543	69.88	78044	48151	61.70	172335	74580	43.28	93	33	35.48
新疆	1573840	1461422	92.86	130964	107260	81.90	833572	771291	92.53	609304	582871	95.66			
大兴安岭	147130	36450	24.77	26290	5971	22.71	24053	8217	34.16	96787	22262	23.00			

全国历年主要林产工业产品产量

年别	木材（万立方米）	竹材（万根）	锯材（万立方米）	人造板（万立方米）	木竹地板（万平方米）	松香（吨）
1981	4942.31	8656	1301.06	99.61		406214
1982	5041.25	10183	1360.85	116.67		400784
1983	5232.32	9601	1394.48	138.95		246916
1984	6384.81	9117	1508.59	151.38		307993
1985	6323.44	5641	1590.76	165.93		255736
1986	6502.42	7716	1505.20	189.44		293500
1987	6407.86	11855	1471.91	247.66		395692
1988	6217.60	26211	1468.40	289.88		376482
1989	5801.80	15238	1393.30	270.56		409463
1990	5571.00	18714	1284.90	244.60		344003
1991	5807.30	29173	1141.50	296.01		343300
1992	6173.60	40430	1118.70	428.90		419503
1993	6392.20	43356	1401.30	579.79		503681
1994	6615.10	50430	1294.30	664.72		437269
1995	6766.90	44792	4183.80	1684.60		481264
1996	6710.27	42175	2442.40	1203.26	2293.70	501221
1997	6394.79	44921	2012.40	1648.48	1894.39	675758
1998	5966.20	69253	1787.60	1056.33	2643.17	416016
1999	5236.80	53921	1585.94	1503.05	3204.58	434528
2000	4723.97	56183	634.44	2001.66	3319.25	386760
2001	4552.03	58146	763.83	2111.27	4849.06	377793
2002	4436.07	66811	851.61	2930.18	4976.99	395273
2003	4758.87	96867	1126.87	4553.36	8642.46	443306
2004	5197.33	109846	1532.54	5446.49	12300.47	485863
2005	5560.31	115174	1790.29	6392.89	17322.79	606594
2006	6611.78	131176	2486.46	7428.56	23398.99	915364
2007	6976.65	139761	2829.10	8838.58	34343.25	1183556
2008	8108.34	126220	2840.95	9409.95	37689.43	1067293
2009	7068.29	135650	3229.77	11546.65	37753.20	1117030
2010	8089.62	143008	3722.63	15360.83	47917.15	1332798
2011	8145.92	153929	4460.25	20919.29	62908.25	1413041
2012	8174.87	164412	5568.19	22335.79	60430.54	1409995
2013	8438.50	187685	6297.60	25559.91	68925.68	1642308
2014	8233.30	222440	6836.98	27371.79	76022.40	1700727
2015	7218.21	235466	7430.38	28679.52	77355.85	1742521
2016	7775.87	250630	7716.14	30042.22	83798.66	1838691
2017	8398.17	272013	8602.37	29485.87	82568.31	1664982
2018	8810.86	315517	8361.83	29909.29	78897.76	1421382
2019	10045.85	314480	6745.45	30859.19	81805.01	1438582
2020	10257.01	324265	7592.57	32544.65	77256.62	1033344
2021	11589.37	325568	7951.65	33673.00	82347.27	1030087
2022	12192.63	421840	5699.02	30109.92	65058.23	672106

注：自2006年起松香产量包括深加工产品。

2022年各地区林业草原投资完成情况

单位：万元

地区	总计	国家投资	其中		一、造林	二、森林经营	自年初累计完成投资							十、其他
			固定资产投资完成额	重点区域生态保护和修复工程项目			三、草原保护修复	四、湿地保护修复	五、荒漠化治理	六、林草有害生物防治	七、林草防火	八、自然保护地管理和监测	九、生物多样性保护	
全国合计	36616472	23171054	6982736	1836476	7494975	6267914	976331	477386	281620	601344	741041	598051	324767	18853045
北京	1178884	1164385	470589	50915	456698	311457		1918	94	11636	29683	2612	13567	351219
天津	63945	62482	48929		39854	19292		1417		1622	462	120	123	1056
河北	945254	869188	175990	48745	424798	139635	22442	25003		15480	25520	8677	1679	282019
山西	972375	922538	193833	232393	445023	75349	17411	2201	23	3663	48507	5211	1534	373453
内蒙古	1579871	1555741	184817	89547	225269	279810	85647	11427	6139	16209	22650	21380	5287	906052
辽宁	355290	347225	25125	14765	74919	24277	9961	3339	620	16688	9556	10912	1875	203143
吉林	840350	799739	32873	53355	85751	89257	9914	6070	1502	4979	18768	2465	9899	611745
黑龙江	1858599	1520148	75425	38853	79253	221323	9102	13988		8319	38134	11601	3007	1473872
上海	104200	104070	52925		31835	48833		6373		4606	498	329	1143	10584
江苏	328499	185789	3328	69	158811	52687	15	17480		11264	13783	1615	1414	71430
浙江	718221	524520	13160	4633	251609	48212	17832	16732		75281	18795	27174	12996	267425
安徽	700701	303968	82964	37212	149170	222090	20861	14183		43496	15464	7935	21243	209289
福建	827534	505901	18763	17265	245466	178434		32171		23236	10898	23446	21944	271076
江西	1143015	728200	1755	9425	275920	232724	1098	16533		39639	22243	12989	8135	534831
山东	621655	571895	28833	48829	104419	46608	1872	35514	84	51200	59069	2818	14600	306245
河南	716659	492100	57792		403272	48783	128203	12811		8590	12992	5170	3096	220074
湖北	1210261	788176	46991	92843	252215	275330	24319	37403	8105	28746	19156	20958	41273	398873
湖南	1608820	1032985	162899	54987	289389	395129		16248	45489	28237	26414	12582	37732	733281
广东	1116216	961989	15799	19275	226945	123703		38529	32	42377	43069	62126	23228	556208

(续)

地区	总计	国家投资	其中		一、造林	二、森林经营	三、草原保护修复	四、湿地保护修复	五、荒漠化治理	六、林草有害生物防治	七、林草防火	八、自然保护地管理和监测	九、生物多样性保护	十、其他
			固定资产投资完成额	重点区域生态保护和修复工程项目										
广 西	6656842	741399	3320300	113634	745013	1268916	23348	20518	51736	30243	29403	111991	7092	4368582
海 南	156601	140073	5558	7329	5435			18949		2607	1192	42315	660	79945
重 庆	811831	559497	131013	42834	190922	96923		11897	392	28353	33050	12713	4786	432795
四 川	2354117	1271362	84953	69837	257234	117072	81916	19456	10410	24211	79946	51425	11594	1700853
贵 州	2892679	1193941	721769	178098	345802	1401798	63026	11723	80594	8214	15848	10643	2953	952079
云 南	1329168	1149772	86575	34031	248425	176309	95251	6879	15082	6359	59338	27688	30929	662909
西 藏	290159	290159	7924	20960	54718	2004	47690	17866	3231	1648	7465	19161	1093	135283
陕 西	961330	881842	198940	118054	287418	78467	15651	5649	102	15388	7048	10655	9629	531325
甘 肃	1509987	1112764	217153	186024	674039	48559	56257	12084	9581	8355	15174	36556	4494	644890
青 海	684556	678815	257611	119068	123302	28343	155695	23808	27063	11362	11295	8187	12338	283163
宁 夏	392794	374238	145325	66820	184526	32944	12422	9854	14131	1929	6413	3648	2188	124739
新 疆	738108	699496	35982	53676	117182	127284	74666	5834	3939	18429	12163	4415	3227	370970
局直属单位	947950	636655	76841	13000	40345	50866	1733	3529	3271	8978	27045	18535	10010	783636
大兴安岭	395344	369233	49953	13000	13890	40400		725		593	23914	1779	70	313973

2022年林草投资完成情况

单位：万元

指标名称	单位	本年实际	中央资金		地方资金	国内贷款	利用外资	自筹资金	其他社会资金
			中央预算内资金	中央财政资金					
总计	万元	36616472	2643374	9132927	11394754	3038262	59181	6043319	4304655
其中：固定资产投资完成额	万元	6982736	1010268	467151	1302364	795235	6023	2371298	1030397
重点区域生态保护和修复工程项目	万元	1836476	1633123		113284			90069	
一、造林	万元	7494975	1294977	1096512	2445891	952789	36194	1098334	570277
二、森林经营	万元	6267914	125790	1576313	1219582	1499577	9421	1037136	800094
三、草原保护修复	万元	976331	267860	479436	144012			71950	13073
四、湿地保护修复	万元	477386	63352	194743	184464	69		18532	16226
五、荒漠化治理	万元	281620	150227	73814	53863			2336	1379
六、林草有害生物防治	万元	601344	34486	151355	359484	146		39119	16754
七、林草防火	万元	741041	161719	84382	448536	806		33140	12457
八、自然保护地管理和监测	万元	598051	60858	189604	224225		220	117971	5173
九、生物多样性保护	万元	324767	118250	96589	77020		126	23576	9206
十、其他	万元	18853045	365853	5190179	6237677	584875	13219	3601226	2860016

全国历年林业投资完成情况

单位：万元

年别	林业投资完成额	其中：国家投资
1981	140752	64928
1982	168725	70986
1983	164399	77364
1984	180111	85604
1985	183303	81277
1986	231994	83613
1987	247834	97348
1988	261413	91504
1989	237553	90604
1990	246131	107246
1991	272236	134816
1992	329800	138679
1993	409238	142025
1994	476997	141198
1995	563972	198678
1996	638626	200898
1997	741802	198908
1998	874648	374386
1999	1084077	594921
2000	1677712	1130715
2001	2095636	1551602
2002	3152374	2538071
2003	4072782	3137514
2004	4118669	3226063
2005	4593443	3528122
2006	4957918	3715114
2007	6457517	4486119
2008	9872422	5083432
2009	13513349	7104764
2010	15533217	7452396
2011	26326068	11065990
2012	33420880	12454012
2013	37822690	13942080
2014	43255140	16314880
2015	42901420	16298683
2016	45095738	21517308
2017	48002639	22592278
2018	48171343	24324902
2019	45255868	26523167
2020	47168172	28795976
2021	41699834	23438010
2022	36616472	23171054

注：2019年起为林草投资完成额。

2013—2022年主要林草产品进出口数量

产品		单位	进/出口	2013	2014	2015	2016	2017	2018	2019	2020	2021	2022
原木	针叶原木	立方米	出口		2042								
		立方米	进口	33163602	35839252	30059122	33665605	38236224	41612911	44484085	46812777	49874124	31163746
	阔叶原木	立方米	出口	13128	9702	12070	94565	92491	72327	50632	21764	10653	52792
		立方米	进口	11995831	15355616	14509893	15059132	17162103	18072555	14745446	12895217	13700606	12438605
	合计	立方米	出口	13128	11744	12070	94565	92491	72327	50632	21764	10653	52792
		立方米	进口	45159433	51194868	44569015	48724737	55398327	59685466	59229531	59707994	63574730	43602351
锯材		立方米	出口	458284	408970	288288	262053	285640	255670	245820	237442	287143	258914
		立方米	进口	24042966	25739161	26597691	31526379	37402136	36642861	37051023	33777539	28841628	26471674
单板		立方米	出口	204347	255744	265447	246424	335140	428288	461487	433315	574494	442908
		立方米	进口	599518	986173	998698	880574	738810	958718	1244081	1576553	3456058	2606740
特形材		吨	出口	225281	212089	176867	162298	148973	132838	97267	78861	79329	63150
		吨	进口	11818	16072	21624	27295	18896	28971	68704	132762	219263	153937
刨花板		立方米	出口	271316	372733	254430	288177	305917	353440	336644	376527	882154	567550
		立方米	进口	586779	577962	638947	903089	1093961	1065331	1036113	1187368	1131043	1192578
纤维板		立方米	出口	3068658	3205530	3014850	2649206	2687649	2273630	2133683	2028926	3160069	2832434
		立方米	进口	226156	238661	220524	241021	229508	307631	242180	197920	178355	117989
胶合板		立方米	出口	10263412	11633086	10766786	11172980	10835369	11203381	10060581	10385333	12262732	10557211
		立方米	进口	154695	177765	165884	196145	185483	162996	139251	224023	159200	195618
木制品		吨	出口	1935606	2175183	2269553	2302459	2420625	2392503	2357129	2376167	2912951	2634442
		吨	进口	445186	670641	760350	796138	753180	664333	637822	612100	574077	467450
家具		件	出口	2874052340	3162688370	3272466880	3326265870	3672099740	3869354340	3532084680	3865512870	4514711900	3879922780
		件	进口	7384560	9845973	10191956	11101311	11888758	12246952	10275286	8027567	6965620	5376512
木片		吨	出口	69	42	85	5531		230	71	873	663	782
		吨	进口	9157137	8850785	9818990	11569916	11401753	12836122	12564718	13525672	15619705	18446927

产品		单位	2013	2014	2015	2016	2017	2018	2019	2020	2021	2022
木浆	出口	吨	22759	18393	25441	27790	24417	24370	38975	35799	76855	173200
	进口	吨	16781790	17893771	19791810	21019085	23652174	24419135	26226052	28787135	27215676	26250838
废纸浆	出口	吨								444	621	401
	进口	吨	923	661	631	2142	1394	537	908710	1681178	2443051	2882843
废纸	出口	吨							689	1233	1135	301
	进口	吨	29236781	27518476	29283876	28498407	25717692	17025286	10362640	6892536	537542	572981
纸和纸制品	出口	吨	7622315	8520484	8358720	9422457	9313991	8563363	9161090	9053446	9222190	12718904
	进口	吨	2971246	2945544	2986103	3091659	4874085	6404037	6379417	12541823	11926843	8947747
木炭	出口	吨	75550	80373	74075	68170	76533	60647	49491	50017	58697	49236
	进口	吨	209273	219758	172780	159338	170718	298037	329338	287669	261350	471272
松香	出口	吨	133136	122469	85322	58433		46950	35256	22754	22566	24365
	进口	吨	30413	11343	23357	45857		69931	75707	95958	96503	72630
水果	柑橘属	出口	吨	1041421	979882	920513	934320	775228	983551	1013842	1045332	917699	876155
		进口	吨	128621	161833	214890	295641	466751	533265	567157	434556	453780	383065
	鲜苹果	出口	吨	994664	865070	833017	1322042	1334636	1118478	971146	1058094	1078352	823128
		进口	吨	38642	28148	87563	67109	68850	64512	125208	75748	67985	95461
	鲜梨	出口	吨	381374	297260	373125	452435		491087	470245	539446	510138	444010
		进口	吨	3122	7379	7930	8224		7433	12849	10384	9302	12161
	鲜葡萄	出口	吨	105152	125879	208015	254452	280391	277162	366496	424918	350609	377301
		进口	吨	185228	211019	215899	252396	233931	231702	252312	250499	194603	180597
	鲜猕猴桃	出口	吨	1478	2175	2007		4304	6498	8852	12688	11971	10708
		进口	吨	48243	62829	90178	66247	112532	113344	128742	116864	128026	117782
	山竹果	出口	吨				4133	27	26	104	135	129	29
		进口	吨	112945	82798	104480	125988	71141	159029	364584	294649	248845	208793

(续)

产品			单位	2013	2014	2015	2016	2017	2018	2019	2020	2021	2022
水果	鲜榴莲	出口	吨					3	4	7	1		10
		进口	吨	321950	315509	298793	292310	224382	431956	604705	575884	821589	824888
	鲜龙眼	出口	吨	1892	1754	3915	2760	3170	3713	1628	4396	5992	3167
		进口	吨	365227	326079	354149	348455	528806	456603	406615	346805	469020	382573
	鲜火龙果	出口	吨	347	179	146	240	1092	3990	5136	8048	10259	9031
		进口	吨	538542	603876	813480	523373	533448	510844	435716	618371	587655	567821
	樱桃	出口	吨							70	15	16	9
		进口	吨							193587	210683	313661	367015
	椰子	出口	吨							655	505	519	709
		进口	吨							673216	651466	892138	1095420
坚果	核桃	出口	吨	18189	17571	13660	9151	33826	51157	125343	130329	229027	195326
		进口	吨	28385	26409	13137	12380	12334	11114	10238	7470	6511	4527
	板栗	出口	吨	39046	35594	34590	32884		36389	39820	38949	34825	37429
		进口	吨	11788	9874	6694	7213		7822	6641	3537	5995	5324
	松子仁	出口	吨	10683	11428	13444	13771	16153	12750	10434	11709	15959	11852
		进口	吨	1948	3750	4228	6638	12980	3175	539	1818	13729	23069
	开心果	出口	吨	5193	3360	2596	2082		4939	4878	2857	2234	3228
		进口	吨	13651	10779	11348	18331		54954	114107	104522	127004	44126
	扁桃仁	出口	吨							994	1108	550	2848
		进口	吨							145741	128130	171646	181754
	腰果	出口	吨							254	49	201	1098
		进口	吨							91863	105430	116425	150889
干果	梅干及李干	出口	吨	1504	935	469	497	421	544	896	1661	1530	1968
		进口	吨	6838	1613	1171	3421	4362	6304	9080	11479	10420	23031

(续)

产品		单位	2013	2014	2015	2016	2017	2018	2019	2020	2021	2022
龙眼干、肉	出口	吨	193	216	297	291	246	410	530	889	1138	1030
	进口	吨	64471	35810	16203	33729	57850	83965	114182	133163	131762	137690
柿 饼	出口	吨	5036	5492	3113	4013	2614	2434	2160	2630	3216	3368
	进口	吨					4	2	1			
红 枣	出口	吨	7784	7822	9573	11027	9886	11172	13357	16662	20434	22194
	进口	吨	1	1		4	9	3	15	517	1256	146
葡萄干	出口	吨	36005	30201	25500	28770	13792	23739	40185	31388	20232	17123
	进口	吨	20073	22592	34818	37087	33132	37717	40666	22270	25326	22681
柑橘	出口	吨	5661	5265	5076	4323	4741	4553	3761	3760	2961	3130
属果汁	进口	吨	70459	69701	64356	66268	82451	97816	104328	81865	139867	151603
苹果汁	出口	吨	601490	458590	474959	507390	655527	558700	385966	420783	419608	399780
	进口	吨	1769	2747	4770	5600	7712	6445	8227	7913	10640	8101
草种子	出口	吨						84	110	62	60	
	进口	吨						56296	51276	61176	71559	51929
草产品	出口	吨						58	79	30	56	180
草饲料	进口	吨						1707104	1627174	1721993	2044320	1977097

说明：①原始数据来源：海关总署。
②表中数据体积与重量按划花板650千克/立方米，单板750千克/立方米，胶合板950千克/立方米，纤维板折算标准：密度>800千克/立方米的取950千克/立方米，500千克/立方米<密度<800千克/立方米的取650千克/立方米，350千克/立方米<密度<500千克/立方米的取425千克/立方米，密度<350千克/立方米的取250千克/立方米。
③木浆中未包括从回收纸和纸板中提取的木浆。
④纸和纸制品中未包括回收的废纸和纸板、印刷品、手稿等。
⑤2012—2019年按木纤维浆（原生木浆和废纸中的木浆）比例折算，纸和纸制品出口量按纸和纸产品中木浆比例折算，出口量的折算系数：2012年为0.85；2013年为0.88；2014年为0.89；2015年为0.90；2016年为0.92；2017年为0.89；2018年为0.91；2019年为0.92，2019—2022年为1.0。
⑥核桃、板栗、开心果、扁桃仁和腰果的进（出）口量包括未去壳的和去壳的果仁，去壳的果仁按出仁率折算为未去壳数量，出仁率分别为：核桃40%、板栗80%、开心果50%、扁桃仁40%，腰果30%，未去壳的松子按50%出仁率折算为未去壳的松子仁。
⑦柑橘属水果中包括柑橘、柚、蕉柑、其他柑橘、柠檬酸橙、其他柑橘属水果。

2013—2022年主要林草产品进出口额

单位：千美元

产品		项目	2013	2014	2015	2016	2017	2018	2019	2020	2021	2022
林产品总计		出口	64454614	71412007	74262543	72676670	73405906	78491352	75395411	76469739	92155566	99242782
林产品总计		进口	64088332	67605223	63603710	62425744	74983984	81872984	74960493	74246066	92879432	92632136
原木	针叶原木	出口		289								
原木	针叶原木	进口	5114048	5440581	3657984	4111591	5138718	5785597	5642349	5463484	7881548	4986747
原木	阔叶原木	出口	6656	7773	4140	29793	30155	23605	15330	6488	3706	20202
原木	阔叶原木	进口	4203304	6341506	4402247	3973686	4781965	5199242	3791450	2937144	3713560	3545662
原木	合计	出口	6656	8062	4140	29793	30155	23605	15330	6488	3706	20202
原木	合计	进口	9317352	11782087	8060231	8085277	9920683	10984839	9433798	8400629	11595109	8532409
锯材		出口	325737	298200	206795	194220	204445	180496	165135	149687	189154	167737
锯材		进口	6829924	8088849	7506603	8137933	10067066	10132562	8592147	7646377	7856026	7528517
单板		出口	235983	276757	283714	280009	382999	481998	524959	537206	800977	671101
单板		进口	142005	183822	162113	157597	156892	192217	228444	249542	380088	407431
特形材		出口	334364	355706	293881	234461	213652	189707	143183	127286	143249	133431
特形材		进口	28193	35357	41178	51055	36828	45769	84477	158673	258085	205151
刨花板		出口	93181	136337	114107	120502	97400	106627	94389	162550	426751	388998
刨花板		进口	127891	141666	141018	184022	241020	242553	234329	257698	323096	410021
纤维板		出口	1523620	1630949	1425474	1228476	1146604	1118496	941612	829184	1201989	1209516
纤维板		进口	100575	110055	108396	125490	135017	141499	131212	107742	132355	97580
胶合板		出口	5033698	5813258	5487696	5275773	5097387	5425910	4393734	4152138	5819222	5551099
胶合板		进口	103104	131966	121126	138484	150851	155669	125580	129439	152325	188061
木制品		出口	5160484	5932432	6457198	6308242	6289577	6086516	6001919	6321856	8472553	8488601
木制品		进口	500161	715093	763723	771224	740539	666670	650685	898466	683928	603504
家具		出口	19440770	22091885	22854641	22209363	22692178	22933444	19919617	20006378	25600027	25597128
家具		进口	707904	888821	884025	961700	1183797	1256034	1064381	911527	995204	880722

（续）

产品	项目	2013	2014	2015	2016	2017	2018	2019	2020	2021	2022
木片	出口	57	21	102	823		478	198	1120	623	1148
	进口	1554275	1545100	1693669	1912019	1897517	2263472	2400167	2264548	2763888	4026229
木浆	出口	14008	12433	16818	17267	16600	20375	28759	24767	69874	218648
	进口	11316770	12004565	12701792	12196424	15266065	19513308	16765090	15092258	18961563	21067098
废纸浆	出口							315	264	588	428
	进口							294978	505728	1035302	1227466
废纸	出口	418	265	280	495	385	203	241	513	508	147
	进口	5930000	5347795	5283161	4988961	5874652	4294716	1943079	1207981	132375	136268
纸和纸制品	出口	14232066	15859260	17097590	16403632	16733385	17599912	20549348	20880808	24165252	31309612
	进口	4373700	4308915	4046869	3945233	4981667	6203231	5272058	7333464	8828426	6978205
木炭	出口	64472	89129	108964	101677	104079	80387	82425	90680	110567	79204
	进口	62857	62022	50057	46031	50264	87121	97657	69562	87064	136376
松香	出口	272145	296592	194439	104297		81774	49258	33008	51378	48004
	进口	47616	25367	40434	64510		84263	78339	96215	144968	112644
水果	柑橘属 出口	1155959	1170064	1258434	1303841	1071605	1261167	1270393	1577682	1336180	1035451
	进口	166152	229953	267179	354846	552051	633489	594780	495488	532036	456373
	鲜苹果 出口	1030074	1027619	1031232	1452932	1456372	1298926	1246333	1449615	1429757	1040165
	进口	67465	46278	146957	123220	115215	117385	219040	138539	150977	215749
	鲜梨 出口	361737	350656	442537	487011		530066	573050	667737	605429	495274
	进口	6041	10148	12935	13300		12671	21186	17883	17361	26697
	鲜葡萄 出口	268561	358756	761873	663604	735140	689676	987195	1212695	757081	726727
	进口	514608	602607	586628	629772	590728	586352	643520	642852	535397	530075
	鲜猕猴桃 出口	3026	4646	4463		7061	9781	13306	19816	19181	16264
	进口	121626	195481	266718	145952	350104	411291	454609	450426	550482	492175
山竹果	出口				12932	28	30	92	135	125	66
	进口	231455	158470	238200	343079	147070	349401	794911	677684	769446	628790

(续)

产品		项目	2013	2014	2015	2016	2017	2018	2019	2020	2021	2022
水果	鲜榴莲	出口					3	6	7	1		50
		进口	543165	592625	567943	693302	552171	1095163	1604484	2304959	4205572	4035814
	鲜龙眼	出口	2158	3105	10187	8763	9936	8295	4745	11210	14435	7848
		进口	448088	328267	341923	270213	437722	365577	424880	491574	705629	533569
	鲜火龙果	出口	736	329	345	538	1781	6422	9038	13161	16813	16075
		进口	410163	529932	662882	381121	389512	396649	362140	552933	526749	511549
	樱桃	出口							518	126	75	40
		进口							1399924	1663683	1994452	2775589
	椰子	出口							614	385	440	713
		进口							304877	321358	488292	602228
坚果	核桃	出口	63087	71524	60735	30301	106052	149973	341261	286002	465908	388146
		进口	61000	62120	42335	31916	33817	34107	27409	20941	15913	11620
	板栗	出口	84255	82517	77858	76939		78469	86659	81838	72173	81609
		进口	24578	18360	10504	15222		19220	13098	8433	14652	12149
	松子仁	出口	212315	234068	258135	272137	243249	184826	233554	258571	308008	297081
		进口	26953	53440	64841	88809	96659	30162	9305	26741	174190	389043
	开心果	出口	28830	13482	10306	9956		20762	19859	14226	13828	21721
		进口	80886	66195	75964	118898		352594	809186	659233	841087	296679
	扁桃仁	出口							2755	2419	1575	5240
		进口							525383	326099	473042	496377
	腰果	出口							449	75	357	1729
		进口							184526	166976	203612	263125
干果	梅干及李干	出口	6479	4235	2294	2405	2096	2416	2916	4392	3268	3675
		进口	9745	4251	3267	6282	7722	11365	15271	18879	19668	52714
	龙眼干、肉	出口	1535	1657	2392	1905	1713	2765	2804	4467	6165	5431
		进口	86062	56678	26565	60613	91308	125350	144817	181624	203721	186538

(续)

产品		项目	2013	2014	2015	2016	2017	2018	2019	2020	2021	2022
干果	柿饼	出口	13476	14826	8830	11904	7764	7446	6749	8197	10132	10653
		进口				2	17	5	3			
	红枣	出口	24638	28535	35320	37290	33361	35872	38581	47413	66916	61161
		进口	8	8	4	16	49	47	94	284	529	62
	葡萄干	出口	83392	74344	56891	62245	29387	45737	74200	54596	41075	36432
		进口	37881	37952	50952	55113	43633	52983	58804	33480	44622	44415
果汁	柑橘属果汁	出口	11209	10880	10914	9353	10808	9974	8892	8428	6503	6647
		进口	155367	153185	124160	115084	160369	191326	184136	120909	208058	219090
	苹果汁	出口	906622	638698	561250	546813	648227	621540	425717	432605	427917	462809
		进口	2269	3209	4454	4811	6438	5354	7171	5885	10361	6583
其他林产品		出口	13458864	14520780	15122709	15176770	16032477	19197274	17135300	16990012	19495808	20636770
		进口	19952494	19084585	18504906	17208212	20706541	20818572	18760520	19589355	25863783	27307448
草产品总计		出口						307	979	494	340	1573
		进口						660269	664299	719386	926918	11711963
草种子		出口						248	317	168	226	2
		进口						126449	110162	104544	160734	169552
草饲料		出口						59	662	326	114	1571
		进口						533820	554137	614842	766184	1002411

说明：①原始数据来源：海关总署。
②木浆中未包括从回收纸与纸板中提取的木浆。
③纸和纸制品中未包括回收纸和纸板及印刷品等。
④2012－2022年以造纸工业纸浆消耗价值中木浆价值的比例将从回收纸与纸板中提取的纤维浆、回收纸与纸板出口额折算为木制林产品价值，各年的折算系数为：2012年为0.85；2013年为0.88；2014年为0.89；2015年为0.90；2016年为0.92；2017年为0.93；2018年为0.92；2019年为0.89；2020－2022年为1.0。
⑤2012－2022年以造纸工业纸浆消耗价值中木浆价值的比例将纸和纸制品出口额折算为木制林产品价值，各年的折算系数为：2012年为0.86；2013年为0.89；2014年为0.89；2015年为0.91；2016年为0.93；2017年为0.93；2018年为0.93；2019年为0.94；2020－2022年为1.0。
⑥将印刷品、手稿、打字稿等的进（出）口额＝进（出）口折算量×纸和纸制品的平均价格。

图书在版编目（CIP）数据

2022年度中国林业和草原发展报告 / 国家林业和草原局编著 . -- 北京：中国林业出版社，2023.12
ISBN 978-7-5219-2596-8

Ⅰ.① 2… Ⅱ.①国… Ⅲ.①林业经济－经济发展－研究报告－中国－ 2022 ②草原建设－畜牧业经济－经济发展－研究报告－中国－ 2022 Ⅳ.① F326.23 ② F326.33

中国国家版本馆 CIP 数据核字 (2024) 第 026198 号

中国林业出版社·自然保护分社（国家公园分社）

策划编辑：刘家玲
责任编辑：宋博洋　肖　静

出版：中国林业出版社（100009 北京西城区刘海胡同 7 号）
　　　E-mail: wildlife_cfph@163.com 电话：83143625　83143577
发行：中国林业出版社
制作：北京美光设计制版有限公司
印刷：河北京平诚乾印刷有限公司
版次：2023 年 12 月第 1 版
印次：2023 年 12 月第 1 次
开本：889mm×1194mm　1/16
印张：10.25
字数：210 千字
定价：128.00 元